U0357410

国家出版基金资助项目

现代数学中的著名定理纵横谈丛书

丛书主编　王梓坤

BROWNIAN MOTION AND POTENTIAL

Brown运动与位势

王梓坤 著

哈爾濱工業大學出版社
HARBIN INSTITUTE OF TECHNOLOGY PRESS

内容简介

现代概率论的重要进展之一是发现了马尔科夫过程与位势理论间的深刻联系.本书通过较简单的马尔科夫过程,即布朗运动,以及与它相应的古典位势,来对一般理论作一前导,这将有助于进一步开展对一般理论的学习和研究.

本书适合科技工作者和高等院校理工科师生阅读.

图书在版编目(CIP)数据

Brown运动与位势/王梓坤著.—哈尔滨:哈尔滨工业大学出版社,2017.6
(现代数学中的著名定理纵横谈丛书)
ISBN 978-7-5603-6586-2

Ⅰ.①B… Ⅱ.①王… Ⅲ.①Brown-Morrish定理
Ⅳ.①O442

中国版本图书馆CIP数据核字(2017)第084459号

策划编辑 刘培杰 张永芹
责任编辑 张永芹 陈雅君
封面设计 孙茵艾
出版发行 哈尔滨工业大学出版社
社 址 哈尔滨市南岗区复华四道街10号 邮编150006
传 真 0451-86414749
网 址 http://hitpress.hit.edu.cn
印 刷 哈尔滨市石桥印务有限公司
开 本 787mm×960mm 1/16 印张9 字数93千字
版 次 2017年6月第1版 2017年6月第1次印刷
书 号 ISBN 978-7-5603-6586-2
定 价 48.00元

代序

读书的乐趣

你最喜爱什么——书籍.

你经常去哪里——书店.

你最大的乐趣是什么——读书.

这是友人提出的问题和我的回答.真的,我这一辈子算是和书籍,特别是好书结下了不解之缘.有人说,读书要费那么大的劲,又发不了财,读它做什么?我却至今不悔,不仅不悔,反而情趣越来越浓.想当年,我也曾爱打球,也曾爱下棋,对操琴也有兴趣,还登台伴奏过.但后来却都一一断交,"终身不复鼓琴".那原因便是怕花费时间,玩物丧志,误了我的大事——求学.这当然过激了一些.剩下来唯有读书一事,自幼至今,无日少废,谓之书痴也可,谓之书橱也可,管它呢,人各有志,不可相强.我的一生大志,便是教书,而当教师,不多读书是不行的.

读好书是一种乐趣,一种情操;一种向全世界古往今来的伟人和名人求教的方法，一种和他们展开讨论的方式；一封出席各种活动、体验各种生活、结识各种人物的邀请信；一张迈进科学官殿和未知世界的入场券；一股改造自己、丰富自己的强大力量．书籍是全人类有史以来共同创造的财富，是永不枯竭的智慧的源泉．失意时读书，可以使人重整旗鼓；得意时读书，可以使人头脑清醒；疑难时读书，可以得到解答或启示；年轻人读书，可明奋进之道；年老人读书，能知健神之理．浩浩乎！洋洋乎！如临大海，或波涛汹涌，或清风微拂，取之不尽，用之不竭．吾于读书，无疑义矣，三日不读，则头脑麻木，心摇摇无主．

潜能需要激发

我和书籍结缘，开始于一次非常偶然的机会．大概是八九岁吧，家里穷得揭不开锅，我每天从早到晚都要去田园里帮工．一天，偶然从旧木柜阴湿的角落里，找到一本蜡光纸的小书，自然很破了．屋内光线暗淡，又是黄昏时分，只好拿到大门外去看．封面已经脱落，扉页上写的是《薛仁贵征东》．管它呢，且往下看．第一回的标题已忘记，只是那首开卷诗不知为什么至今仍记忆犹新：

日出遥遥一点红，飘飘四海影无踪．

三岁孩童千两价，保主跨海去征东．

第一句指山东，二、三两句分别点出薛仁贵（雪、人贵）．那时识字很少，半看半猜，居然引起了我极大的兴趣，同时也教我认识了许多生字．这是我有生以来独立看的第一本书．尝到甜头以后，我便千方百计去找书，向小朋友借，到亲友家找，居然断断续续看了《薛丁山征西》《彭公案》《二度梅》等，樊梨花便成了我心中的女英雄.我真入迷了.从此,放牛也罢,车水也罢,我总要带一本书,还练出了边走田间小路边读书的本领,读得津津有味,不知人间别有他事.

当我们安静下来回想往事时,往往会发现一些偶然的小事却影响了自己的一生.如果不是找到那本《薛仁贵征东》,我的好学心也许激发不起来.我这一生,也许会走另一条路.人的潜能,好比一座汽油库,星星之火,可以使它雷声隆隆、光照天地;但若少了这粒火星,它便会成为一潭死水,永归沉寂.

抄,总抄得起

好不容易上了中学,做完功课还有点时间,便常光顾图书馆.好书借了实在舍不得还,但买不到也买不起,便下决心动手抄书.抄,总抄得起.我抄过林语堂写的《高级英文法》,抄过英文的《英文典大全》,还抄过《孙子兵法》,这本书实在爱得狠了,竟一口气抄了两份.人们虽知抄书之苦,未知抄书之益,抄完毫末俱见,一览无余,胜读十遍.

始于精于一,返于精于博

关于康有为的教学法,他的弟子梁启超说:“康先生之教,专标专精、涉猎二条,无专精则不能成,无涉猎则不能通也.”可见康有为强烈要求学生把专精和广博(即“涉猎”)相结合.

在先后次序上,我认为要从精于一开始.首先应集中精力学好专业,并在专业的科研中做出成绩,然后逐步扩大领域,力求多方面的精.年轻时,我曾精读杜布(J. L. Doob)的《随机过程论》,哈尔莫斯(P. R. Halmos)的《测度论》等世界数学名著,使我终身受益.简言之,即“始于精于一,返于精于博”.正如中国革命一样,必须先有一块根据地,站稳后再开创几块,最后连成一片.

丰富我文采,澡雪我精神

辛苦了一周,人相当疲劳了,每到星期六,我便到旧书店走走,这已成为生活中的一部分,多年如此.一次,偶然看到一套《纲鉴易知录》,编者之一便是选编《古文观止》的吴楚材.这部书提纲挈领地讲中国历史,上自盘古氏,直到明末,记事简明,文字古雅,又富于故事性,便把这部书从头到尾读了一遍.从此启发了我读史书的兴趣.

我爱读中国的古典小说,例如《三国演义》和《东周列国志》.我常对人说,这两部书简直是世界上政治阴谋诡计大全.即以近年来极时髦的人质问题(伊朗人质、劫机人质等),这些书中早就有了,秦始皇的父亲便是受害者,堪称"人质之父".

《庄子》超尘绝俗,不屑于名利.其中"秋水""解牛"诸篇,诚绝唱也.《论语》束身严谨,勇于面世,"己所不欲,勿施于人",有长者之风.司马迁的《报任少卿书》,读之我心两伤,既伤少卿,又伤司马;我不知道少卿是否收到这封信,希望有人做点研究.我也爱读鲁迅的杂文,果戈理、梅里美的小说.我非常敬重文天祥、秋瑾的人品,常记他们的诗句:"人生自古谁无死,留取丹心照汗青""休言女子非英物,夜夜龙泉壁上鸣".唐诗、宋词、《西厢记》《牡丹亭》,丰富我文采,澡雪我精神,其中精粹,实是人间神品.

读了邓拓的《燕山夜话》,既叹服其广博,也使我动了写《科学发现纵横谈》的心.不料这本小册子竟给我招来了上千封鼓励信.以后人们便写出了许许多多的“纵横谈”.

从学生时代起,我就喜读方法论方面的论著.我想,做什么事情都要讲究方法,追求效率、效果和效益,方法好能事半而功倍.我很留心一些著名科学家、文学家写的心得体会和经验.我曾惊讶为什么巴尔扎克在51年短短的一生中能写出上百本书,并从他的传记中去寻找答案.文史哲和科学的海洋无边无际,先哲们的明智之光沐浴着人们的心灵,我衷心感谢他们的恩惠.

读书的另一面

以上我谈了读书的好处,现在要回过头来说说事情的另一面.

读书要选择.世上有各种各样的书:有的不值一看,有的只值看20分钟,有的可看5年,有的可保存一辈子,有的将永远不朽.即使是不朽的超级名著,由于我们的精力与时间有限,也必须加以选择.决不要看坏书,对一般书,要学会速读.

读书要多思考.应该想想,作者说得对吗?完全吗?适合今天的情况吗?从书本中迅速获得效果的好办法是有的放矢地读书,带着问题去读,或偏重某一方面去读.这时我们的思维处于主动寻找的地位,就像猎人追找猎物一样主动,很快就能找到答案,或者发现书中的问题.

有的书浏览即止,有的要读出声来,有的要心头记住,有的要笔头记录.对重要的专业书或名著,要勤做笔记,“不动笔墨不读书”.动脑加动手,手脑并用,既可加深理解,又可避忘备查,特别是自己的灵感,更要及时抓住.清代章学诚在《文史通义》中说:“札记之功必不可少,如不札记,则无穷妙绪如雨珠落大海矣.”

许多大事业、大作品,都是长期积累和短期突击相结合的产物.涓涓不息,将成江河;无此涓涓,何来江河?

爱好读书是许多伟人的共同特性,不仅学者专家如此,一些大政治家、大军事家也如此.曹操、康熙、拿破仑、毛泽东都是手不释卷,嗜书如命的人.他们的巨大成就与毕生刻苦自学密切相关.

王梓坤

⊙ 前言

现代概率论的重要进展之一是发现了Markov过程(简称马氏过程)与位势理论(简称势论)之间的深刻联系. 这个发现使势论中许多概念和结论获得了明确的概率意义,同时也使马氏过程有了新的分析工具,因而两者相互促进,丰富了彼此的内容. 这种联系的萌芽初见于S. Kakutani[3]及J. L. Doob[7]的著作中. 前者证明了:平面上Dirichlet问题的解可以通过二维Brown运动的某些概率特征来表达. Doob等人的大量工作发展了这方面的研究,而把这种联系推广到相当一般的马氏过程,则主要是G. A. Hunt的贡献. 近年来这方面的文献很多,但由于理论日益抽象化而使初学者不易了解它们的背景和实质.

本书试图通过比较简单的马氏过程,即Brown运动,以及与它相对应的古典位势(Newton位势与对数位势),来对一般理论作一前导. Brown运动与古典位势不仅比较简单,而且是一般理论的思想泉源,因此,这样也许有助于对后者的理解. 由于

Brown 运动与古典位势的内容都很丰富，我们不可能深入到各自的专题领域中去，而只能把重点放在二者的联系上，同时也叙述一些近期发表的新结果. 这种联系反映在 Dirichlet 问题的解、平衡势、Green 函数等问题上.

除少数结果只指出参考文献外，书中所叙述的定理基本上都给出了详细的证明.

随着 Brown 运动所在的相空间 R^n（n 维欧氏空间）的维数 n 不同，概率性质也有显著差异. 以后会看到，当 $n \leqslant 2$ 时，Brown 运动是常返的，对应于对数势；当 $n \geqslant 3$ 时，它是暂留的，对应于 Newton 位势. 它们分别构成第 2 章与第 1 章的内容.

限于作者水平，缺点错误，在所难免，敬希批评指正.

王梓坤

1980. 11. 30

目录

高维 Brown 运动与 Newton 位势

第1章

§1 势论大意

（一）势论的物理背景. 古典势论起源于物理学，后来抽象成为数学的一个分支. 根据电学中的库仑定律，两个异性电荷互相吸引，引力方向在其连线上，力的大小为

$$F=c\cdot\frac{Qq}{r^2}$$

其中 Q 与 q 分别为两电荷的数量，r 为两者在 R^3 中的距离，c 为某常数，与单位有关. 为了研究引力，最好引进势的概念. 设在 x_0 处有一个电荷 q_0，它在任一点

$x(x \neq x_0)$ 处所产生的势，等于把一个单位电荷从无穷远移到点 x 处所做的功. 势与此电荷在到达 x 以前所走的路径无关. 势的值为

$$\frac{1}{2\pi} \frac{q_0}{|x - x_0|} \tag{1}$$

常数$\frac{1}{2\pi}$依赖于单位的选择，并非本质.

今设有 m 个电荷 q_i，分别位于点 $x_i(i = 1, 2, \cdots, m)$，可视

$$\begin{pmatrix} x_1, x_2, \cdots, x_m \\ q_1, q_2, \cdots, q_m \end{pmatrix} \tag{2}$$

为一离散的电荷分布. 这组电荷在点 $x(x \neq x_i)$ 处所产生的势仍定义为把单位电荷从无穷远处移到 x 所做的功. 由于力和功都是可加的，故此势为

$$\frac{1}{2\pi} \sum_{i=1}^{m} \frac{q_i}{|x - x_i|} \tag{3}$$

现在假设电荷按照测度 μ 分布. 由上式的启发，自然称由 μ 所产生的在点 x 的势为

$$G\mu(x) \equiv \frac{1}{2\pi} \int_{R^3} \frac{\mu(\mathrm{d}y)}{|x - y|} \tag{4}$$

以后会证明，如 $\mu(R^3) < \infty$，则关于 Lebesgue 测度 L，对几乎一切 x，有 $G\mu(x) < \infty$（见引理 3).

式(4) 定义一个积分变换 G，它把测度 μ 变为函数 $G\mu$. 下面会看到，变换的核$\frac{1}{2\pi}|x - y|$恰好等于三维 Brown 运动转移密度对时间 t 的积分. 这正是把 Brown 运动与 Newton 位势联系起来的桥梁之一.

在物理学中，势论所研究的，主要是电荷分布 μ、势以及借助于它们而定义的各种量间的关系. 作为这

种量的例，可举出电荷分布 μ 的能 I_μ（energy），它是势对此 μ 的积分，即

$$I_\mu \equiv \int_{R^3} G\mu(x)\mu(\mathrm{d}x) = \frac{1}{2\pi}\int_{R^3}\int_{R^3} \frac{\mu(\mathrm{d}y)\mu(\mathrm{d}x)}{|x-y|} \quad (5)$$

电荷分布的全电荷是 $Q \equiv \mu(R^3)$. 如果把全部电荷 Q 散布在某导体上，它们便会重新分布，使得在此导体所占的集 A 上，势是一个常数. 记这个新分布为 μ_0，它具有下列能的极小性

$$I_{\mu_0} = \min_\mu\{I_\mu \mid \mu(R^3) = Q, {}_\llcorner\mu \subset A\}$$

其中 ${}_\llcorner\mu$ 表示 μ 的支集（support），它是一切使 $\mu(U)=0$ 的开集 U 的和的补集. μ_0 所决定的分布形态，在物理学中称为平衡态. 对紧集 $E(\subset R^3)$，如存在 μ 使 ${}_\llcorner\mu \subset E$，而且 $G\mu(x)=1(\forall x \in E)$，则称 $G\mu$ 为 E 的平衡势；具有平衡势的集称为平衡集；而 $\mu(E)$ 则称为 E 的容度，记为 $C(E)$. 因此，导体 E 的容度是为了在此导体上产生单位势的全电荷. 以上各概念来自物理学，以后还要从数学上重新定义. 下面简述古典势论中的一些结果，其中有些以后会用概率方法加以证明. 下面设 μ 为有穷测度.

电荷分布的唯一性：势 $G\mu$ 唯一决定 μ.

势的决定：$G\mu$ 被它在 ${}_\llcorner\mu$ 上的值所决定.

平衡势唯一：一集最多有一平衡势.

平衡势的刻画：设平衡集 E 的平衡势为 $G\mu_0$，则

$$G\mu_0(x) = \inf\{G\mu(x) \mid G\mu(x) \geqslant 1, \forall x \in E\} \quad (6)$$

平衡势的能：如平衡集 E 的能有穷，则在所有支集含于 E、全电荷等于 E 的容度的电荷分布 μ 所对应的势中，平衡势 $G\mu_0$ 的能 I_{μ_0} 极小，即

$$I_{\mu_0} \equiv \int_{R^3}(G\mu_0)\mathrm{d}\mu_0 =$$

$$\min_{G_\mu}\left\{\int_{R^3}(G\mu)\mathrm{d}\mu \mid {}_{\llcorner}\mu \subset E, \mu(E)=C(E)\right\} \quad (7)$$

控制原理:对于两势 $h=G\mu,\bar{h}=G\bar{\mu}$,若处处有 $h \geqslant \bar{h}$,则 $\mu(R^3) \geqslant \bar{\mu}(R^3)$.

投影(Balayage)原理:设已给势 $h=G\mu$ 及闭集 E,则存在势 $\bar{h}=G\bar{\mu}$,满足

$$\begin{aligned}\bar{h}(x)&=h(x) \quad (\forall x \in E)\\ \bar{h}(x)&\leqslant h(x) \quad (\forall x \in R^3)\end{aligned} \quad (8)$$

$${}_{\llcorner}\bar{\mu} \subset E, \bar{\mu}(R^3) \leqslant \mu(R^3) \quad (9)$$

此外,还满足:对任意 x 有

$$\bar{h}(x)=\inf_{v}\{Gv(x) \mid Gv(x) \geqslant h(x), \forall x \in E; {}_{\llcorner}v \subset E\}= \quad (10)$$

$$\sup_{v}\{Gv(x) \mid Gv(x) \leqslant h(x), \forall x \in E; {}_{\llcorner}v \subset E\} \quad (11)$$

称 $\bar{h}$ 为 h 的投影势(Balayage potential).

下包络原理:各势的逐点下确界也是势.

(二) 若干引理. 考虑 n 维欧氏空间 R^n,其中的点记为 $x=(x_1,x_2,\cdots,x_n)$,它与原点的距离为 $|x|=\sqrt{\sum_{i=1}^{n}x_i^2}$. 对 $r>0$,记

$$B_r \equiv \{x \mid |x| \leqslant r\}, \mathring{B}_r \equiv \{x \mid |x|<r\}$$

$$S_r \equiv \{x \mid |x|=r\}$$

它们分别是以原点为中心、r 为半径的球、开球和球面.

引理 1 设 $f(y)$ 为一元函数,$y \geqslant 0$,如下式左边积分存在,则

$$\int_{B_r} f(|x|)\mathrm{d}x=\frac{2\pi^{\frac{n}{2}}}{\Gamma\left(\frac{n}{2}\right)}\int_0^r s^{n-1}f(s)\mathrm{d}s \quad (12)$$

其中 Γ 表示 Gamma 函数.

证　为计算

$$\int_{B_r} f(|x|)\mathrm{d}x = \underset{\sum_{i=1}^{n} x_i^2 \leqslant r^2}{\int \cdots \int} f\left(\sqrt{\sum_{i=1}^{n} x_i^2}\right) \mathrm{d}x_1 \cdots \mathrm{d}x_n$$

引进极坐标

$$x_1 = s\cos \varphi_1$$
$$x_2 = s\sin \varphi_1 \cos \varphi_2$$
$$\vdots$$
$$x_n = s\sin \varphi_1 \sin \varphi_2 \cdots \sin \varphi_{n-2} \sin \varphi_{n-1}$$

$$\int_{B_r} f(|x|)\mathrm{d}x = \int_0^r s^{n-1} f(s)\mathrm{d}s \cdot \int_0^{\pi} \sin^{n-2}\varphi_1 \mathrm{d}\varphi_1 \cdot \cdots \cdot \int_0^{\pi} \sin^2 \varphi_{n-3} \mathrm{d}\varphi_{n-3} \cdot \int_0^{\pi} \sin \varphi_{n-2} \mathrm{d}\varphi_{n-2} \cdot \int_0^{2\pi} \mathrm{d}\varphi_{n-1}$$

利用公式

$$\int_0^{\pi} \sin^{a-1}\varphi \mathrm{d}\varphi = \frac{\sqrt{\pi}\,\Gamma\left(\frac{a}{2}\right)}{\Gamma\left(\frac{a+1}{2}\right)}$$

化简后即得(12).

在(12) 中取 $f=1$,并利用公式

$$\Gamma(x+1) = x\Gamma(x) \tag{13}$$

即得球 B_r 的体积 $|B_r|$ 为

$$|B_r| = \frac{\pi^{\frac{n}{2}} r^n}{\Gamma\left(\frac{n}{2}+1\right)} \tag{14}$$

对 r 微分,得球面 S_r 的面积 $|S_r|$ 为

$$|S_r| = \frac{2\pi^{\frac{n}{2}} r^{n-1}}{\Gamma\left(\frac{n}{2}\right)} \tag{15}$$

球面 S_r 上的 Lebesgue 测度记为 $L_{n-1}(\mathrm{d}x)$. 以 $U_r(\mathrm{d}x)$ 表示 S_r 上的均匀分布，即

$$U_r(\mathrm{d}x)=\frac{L_{n-1}(\mathrm{d}x)}{|S_r|} \tag{16}$$

注 1 设函数 $K(x)(x\in R^n)$ 的积分有意义，则

$$\int_{R^n}K(x)\mathrm{d}x=\frac{2\pi^{\frac{n}{2}}}{\Gamma\left(\frac{n}{2}\right)}\int_0^\infty\left[\int_{S_r}K(x)U_r(\mathrm{d}x)\right]r^{n-1}\mathrm{d}r \tag{17}$$

证 上式左边积分等于

$$\int_0^\infty\int_{S_r}K(x)L_{n-1}(\mathrm{d}x)\mathrm{d}r=$$

$$\int_0^\infty\left[\int_{S_r}K(x)U_r(\mathrm{d}x)\right]|S_r|\mathrm{d}r$$

以(15)代入即得(17).

引理 2 下列积分是 y 的有界函数

$$A(y)=\int_{B_r}\frac{\mathrm{d}x}{|x-y|^{n-2}}\quad(n\geqslant 2) \tag{18}$$

证 设 $\chi_D(x)$ 表示集 D 的示性函数，它等于 1 或 0，视 $x\in D$ 或 $x\notin D$ 而定. 则对任意 $\delta>0$，有

$$A(y)=\int_{R^n}\frac{\chi_{B_r}(x)}{|x-y|^{n-2}}\mathrm{d}x=$$

$$\int_{R^n}\frac{\chi_{B_r}(x+y)}{|x|^{n-2}}\mathrm{d}x\leqslant$$

$$\int_{|x|\leqslant\delta}\frac{\mathrm{d}x}{|x|^{n-2}}+\int_{|x|>\delta}\frac{\chi_{B_r}(x+y)}{|x|^{n-2}}\mathrm{d}x$$

由(12)得，右边第一积分等于 $\dfrac{\pi^{\frac{n}{2}}\delta^2}{\Gamma\left(\frac{n}{2}\right)}$；第二积分不大于

$$\frac{1}{\delta^{n-2}}\int_{|x|>\delta}\chi_{B_r}(x+y)\mathrm{d}x \leqslant$$

$$\frac{1}{\delta^{n-2}}\int_{R^n}\chi_{B_r}(x+y)\mathrm{d}x = \frac{|B_r|}{\delta^{n-2}}$$

注 2　其实，易见 $A(y)$ 的上确界在 $y=0$ 达到.

以"v-a.e."表示"关于测度 v 几乎处处"；以 $\mathscr{B}^n$ 表示由 R^n 中全体 Borel 集所组成的 σ 代数；$(R^n,\mathscr{B}^n)$ 上的 Lebesgue 测度记为 L.

引理 3　设 μ 为 $(R^n,\mathscr{B}^n)$ 上的有穷测度，$n\geqslant 2$，则

$$\int_{R^n}\frac{\mu(\mathrm{d}x)}{|x-y|^{n-2}} < \infty \quad (L\text{-a.e.}) \tag{19}$$

证　以 K 表示(18)中 $A(y)$ 的一个上界，有

$$\int_{B_r}\int_{R^n}\frac{\mu(\mathrm{d}x)}{|x-y|^{n-2}}\mathrm{d}y =$$

$$\int_{R^n}\left(\int_{B_r}\frac{\mathrm{d}y}{|x-y|^{n-2}}\right)\mu(\mathrm{d}x) \leqslant$$

$$K\mu(R^n) < \infty$$

故(19)中积分在 B_r 上有穷(L-a.e.)，再由 $R^n = \bigcup_{r=1}^{\infty} B_r$ (r 为正整数)，即得证(19).

以 C_0 表示 R^n 上全体连续且满足 $\lim_{|x|\to\infty} f(x)=0$ 的函数 $f(x)$ 的集.

引理 4　设 $f\in C_0$ 而且 L－可积，则当 $n\geqslant 3$，有

$$g(y) \equiv \int_{R^n}\frac{f(x)}{|x-y|^{n-2}}\mathrm{d}x \in C_0$$

证

$$|g(y)-g(y_0)| =$$

$$\left|\int_{R^n}\frac{f(y+x)-f(y_0+x)}{|x|^{n-2}}\mathrm{d}x\right| \leqslant$$

$$2\|f\|\int_{|x|<\delta}\frac{\mathrm{d}x}{|x|^{n-2}} +$$

$$\frac{1}{\delta^{n-2}}\int_{|x|\geqslant\delta} |f(y+x)-f(y_0+x)|\,\mathrm{d}x \tag{20}$$

其中 $\|f\|=\sup\limits_{x}|f(x)|$. 对任意 $\varepsilon>0$,如引理 2 证明所述,可选 $\delta>0$ 充分小,使(20) 中右方第一项小于 $\frac{\varepsilon}{2}$. 固定此 δ,由 Lebesgue 收敛定理知,当 $y\to y_0$ 时,第二项趋于零. 由此得证 $g(y)$ 的连续性.

为证 $\lim\limits_{|y|\to\infty}g(y)=0$,任取 $0<r<s$,则

$$g(y)=\left(\int_{|x|>s}+\int_{s\geqslant|x|>r}+\int_{r\geqslant|x|}\right)\frac{f(x+y)}{|x|^{n-2}}\mathrm{d}x$$

对任意 $\varepsilon>0$,由于 f 可积,可选 s 充分大,使得

$$\left|\int_{|x|>s}\frac{f(x+y)}{|x|^{n-2}}\mathrm{d}x\right|\leqslant\frac{1}{s^{n-2}}\int_{R^n}|f(x)|\,\mathrm{d}x<\frac{\varepsilon}{3}$$

再取 r 充分小,使得

$$\left|\int_{r\geqslant|x|}\frac{f(x+y)}{|x|^{n-2}}\mathrm{d}x\right|\leqslant\|f\|\int_{r\geqslant|x|}\frac{\mathrm{d}x}{|x|^{n-2}}<\frac{\varepsilon}{3}$$

最后,有

$$\left|\int_{s\geqslant|x|>r}\frac{f(x+y)}{|x|^{n-2}}\mathrm{d}x\right|\leqslant\frac{1}{r^{n-2}}\int_{s\geqslant|x|}|f(x+y)|\,\mathrm{d}x$$

由于 $\lim\limits_{|z|\to\infty}f(z)=0$,因此存在 $a>0$,当 $|y|>a$ 时,上式右边项小于 $\frac{\varepsilon}{3}$. 综合上述,当 $|y|>a$ 时,$|g(y)|<\varepsilon$.

§2 Brown 运动略述

(一) 定义. 设$(\Omega,\mathscr{F},P)$ 为概率空间,其中 $\Omega=(\omega)$

是由基本事件 ω 所组成的集，$\mathscr{F}$ 为 Ω 中子集的 σ 代数，P 为 $\mathscr{F}$ 上的概率测度. 考虑定义在此空间上的随机过程$\{x(t,\omega),t\geqslant 0\}$，它取值于 R^n. 有时也记 $x(t,\omega)$ 为 $x_t(\omega)$ 或 $x(t)$ 或 x_t.

称 X 为 n 维 Brown 运动，如果它满足：

(i) 对任意有限多个数 $0\leqslant t_1<t_2<\cdots<t_m$，有

$$x(t_1),x(t_2)-x(t_1),\cdots,x(t_m)-x(t_{m-1})$$

相互独立；

(ii) 对任意 $s\geqslant 0,t>0$，增量 $x(s+t)-x(s)$ 有 n 维正态分布，密度为

$$p(t,x)=\frac{1}{(2\pi t)^{\frac{n}{2}}}\exp\left(-\frac{|x|^2}{2t}\right)\quad(x\in R^n)\tag{1}$$

(iii) 对每一固定的 ω，有 $t\to x(t,\omega)$ 连续.

这样的过程的确存在(证明可参看文献[22] § 3.4 或文献[17]).

式(1) 给出 $x_{s+t}-x_s$ 的密度；至于 x_t 的分布，则依赖于开始分布，即 x_0 的分布. 设

$$\mu(A)=P(x_0\in A)\quad(A\in\mathscr{B}^n)$$

由 $x_t=(x_t-x_0)+x_0$ 及(i) 和卷积公式，得

$$P(x_t\in A)=$$

$$\int_A\left[\int_{R^n}\frac{1}{(2\pi t)^{\frac{n}{2}}}\exp\left(-\frac{|x-y|^2}{2t}\right)\mu(\mathrm{d}x)\right]\mathrm{d}y\tag{2}$$

为了强调开始分布 μ 的作用，记

$$P_\mu(x_t\in A)=P(x_t\in A)\tag{3}$$

引理 1(正交不变性)　设 H 是R^n 中的正交变换，则 $HX\equiv\{Hx_t,t\geqslant 0\}$ 也是 n 维 Brown 运动.

证　$$Hx_{s+t}-Hx_s=H(x_{s+t}-x_s)$$

只依赖于 $x_{s+t}-x_s$，故由 X 的增量独立性即得 HX 的

增量独立性. 其次, X 对 t 连续, 故 HX 亦然. 最后, 由 (1) 得, $x_{s+t}-x_s$ 有特征函数为

$$Ee^{i(x_{s+t}-x_s,y)}=e^{-(y,y)\frac{t}{2}}\quad(y\in R^n)\qquad(4)$$

由于正交变换保持内积不变, 并利用(4) 以及 H^{-1} 也是正交变换, 得

$$Ee^{i(H(x_{s+t}-x_s),y)}=Ee^{i(x_{s+t}-x_s,H^{-1}y)}=$$

$$e^{-(H^{-1}y,H^{-1}y)\frac{t}{2}}=e^{-(y,y)\frac{t}{2}}\qquad(5)$$

故 $Hx_{s+t}-Hx_s$ 也有分布密度为(1).

类似易见:

平移不变性: 设定点 $a\in R^n$, 则 $\{x_t+a,t\geqslant 0\}$ 也是 Brown 运动;

尺度不变性: 设常数 $c>0$, 则 $\left\{\dfrac{x(ct)}{\sqrt{c}},t\geqslant 0\right\}$ 也是 Brown 运动.

(二) 转移密度 $p(t,x,y)$ 的性质. 定义

$$p(t,x,y)\equiv p(t,y-x)=$$

$$\frac{1}{(2\pi t)^{\frac{n}{2}}}\exp\left(-\frac{|y-x|^2}{2t}\right)\qquad(6)$$

其中 $t>0,x\in R^n,y\in R^n$. 由(2) 可见, 如 $x_0(\omega)\equiv x$, 或 μ 集中在点 x 上, 并记 P_μ 为 P_x, 则有

$$P_x(x_t\in A)=\int_A p(t,x,y)\mathrm{d}y\qquad(7)$$

故直观上可理解 $p(t,x,y)$ 为做 Brown 运动的粒子, 自点 x 出发, 于时刻 t 转移到点 y 附近的转移密度. 显然, 它关于 x,y 是对称的.

下列简单定理是 Brown 运动与 Newton 位势的重要联系之一, 因为 $g(x,y)$ 正是 Newton 位势的核($n\geqslant 3$ 时).

定理 1[①]

$$g(x,y)\equiv\int_0^{\infty}p(t,x,y)\,\mathrm{d}t=\begin{cases}\dfrac{c_n}{|x-y|^{n-2}},n\geqslant 3\\ \infty,n\leqslant 2\end{cases}\tag{8}$$

其中 c_n 为常数，即

$$c_n=\frac{\Gamma\left(\frac{n}{2}-1\right)}{2\pi^{\frac{n}{2}}}=\begin{cases}\dfrac{1}{2\pi},n=3\\ \dfrac{1}{2\pi^2},n=4\\ \dfrac{1\cdot 3\cdot\cdots\cdot(2k-3)}{(2\pi)^k},n=2k+1>3\\ \dfrac{1\cdot 2\cdot\cdots\cdot(k-2)}{2\pi^k},n=2k>4\end{cases}\tag{9}$$

证　对 $s>0$ 有

$$\int_0^s p(t,x)\,\mathrm{d}t=\frac{1}{(2\pi)^{\frac{n}{2}}}\int_0^s\frac{1}{t^{\frac{n}{2}}}\exp\left(-\frac{|x|^2}{2t}\right)\mathrm{d}t=\frac{|x|^{2-n}}{2\pi^{\frac{n}{2}}}\int_{\frac{|x|^2}{2s}}^{\infty}u^{\frac{n}{2}-2}\mathrm{e}^{-u}\,\mathrm{d}u\quad\left(u=\frac{|x|^2}{2t}\right)\tag{10}$$

注意当且仅当 $a>0$ 时，$\int_0^{\infty}u^{a-1}\mathrm{e}^{-u}\,\mathrm{d}u$ 收敛. 在上式中令 $s\to\infty$，即得

① 理解 $\frac{a}{0}=\infty(a>0)$.

$$\int_0^\infty p(t,x)\mathrm{d}t = \begin{cases} \dfrac{c_n}{|x|^{n-2}}, n \geqslant 3 \\ \infty, n \leqslant 2 \end{cases} \tag{11}$$

$$c_n = \frac{1}{2\pi^{\frac{n}{2}}}\int_0^\infty u^{\frac{n}{2}-2}\mathrm{e}^{-u}\mathrm{d}u = \frac{\Gamma\left(\frac{n}{2}-1\right)}{2\pi^{\frac{n}{2}}} \tag{12}$$

以 $y-x$ 代替(11) 中的 x 即得(8).

比较 §1 式(15),可见

$$c_n = \frac{2}{(n-2)\mid S_1 \mid} \tag{13}$$

设 $f(x)$ 为定义在 R^n 上的函数. 令

$$\begin{cases} B = \{f \mid 有界, \mathscr{B}^n 可测\} \\ C = \{f \mid f \in B, f 连续\} \\ C_0 = \{f \mid f \in C 且 f(\infty) \equiv \lim\limits_{|x|\to\infty} f(x) = 0\} \end{cases} \tag{14}$$

又令 $\| f \| = \sup\limits_x | f(x) |$. 对 $f \in B$,定义变换 T_t 为

$$T_t f(x) = \int_{R^n} f(y) p(t,x,y)\mathrm{d}y \quad (t > 0) \tag{15}$$

显然

$$\| T_t f \| \leqslant \| f \|, \| T_t \| \leqslant 1 \tag{16}$$

引理 2 (i) $T_t B \subset C$;(ii) $T_t C_0 \subset C_0$.

证 对 $f \in B$ 有

$$| T_t f(x) - T_t f(x_0) | \leqslant$$

$$\| f \| \frac{1}{(2\pi t)^{\frac{n}{2}}}\int_{R^n} | \mathrm{e}^{-\frac{|x-y|^2}{2t}} - \mathrm{e}^{-\frac{|x_0-y|^2}{2t}} | \mathrm{d}y$$

由 Lebesgue 定理,当 $x \to x_0$ 时,右边趋于0. 由此得证(i).

对 $f \in C_0$ 及 $N > 0$,有

$$| T_t f(x) | \leqslant$$
$$\int_{|y|\geqslant N} \frac{1}{(2\pi t)^{\frac{n}{2}}} \exp\left(-\frac{|x-y|^2}{2t}\right) | f(y) | \mathrm{d}y +$$
$$\| f \| \int_{|y|<N} \frac{1}{(2\pi t)^{\frac{n}{2}}} \exp\left(-\frac{|x-y|^2}{2t}\right) \mathrm{d}y$$

由于 $f(\infty)=0$，对 $\varepsilon>0$，当 N 充分大时，右边第一积分小于 $\frac{\varepsilon}{2}$；固定此 N，当 $|x|$ 充分大时，第二积分小于 $\frac{\varepsilon}{2}$，由此得证 $T_t f(\infty)=0$. 联合(i) 即得证(ii).

引理3　设 f 均匀连续，则

$$\lim_{t\to 0} \| T_t f - f \| = 0 \tag{17}$$

证　对 $\varepsilon>0$，由假设，可选 $\delta>0$，使对一切 y，有

$$\sup_{x:|x|<\delta} | f(x+y) - f(y) | < \frac{\varepsilon}{2}$$

于是

$$\| T_t f - f \| \leqslant$$
$$\sup_y \left(\int_{|x|<\frac{\delta}{2}} + \int_{|x|\geqslant\frac{\delta}{2}}\right) \frac{1}{(2\pi t)^{\frac{n}{2}}} \cdot$$
$$\exp\left(-\frac{|x|^2}{2t}\right) | f(x+y) - f(y) | \mathrm{d}x \leqslant$$
$$\frac{\varepsilon}{2} + 2\| f \| \int_{|x|\geqslant\frac{\delta}{2}} \frac{1}{(2\pi t)^{\frac{n}{2}}} \mathrm{e}^{-\frac{|x|^2}{2t}} \mathrm{d}x =$$
$$\frac{\varepsilon}{2} + 2\| f \| \int_{|z|\geqslant\frac{\delta}{2\sqrt{t}}} \frac{1}{(2\pi)^{\frac{n}{2}}} \mathrm{e}^{-\frac{1}{2}|z|^2} \mathrm{d}z$$

当 t 充分小时，第二积分小于 $\frac{\varepsilon}{2}$.

注1　若 $f\in C_0$，则 f 均匀连续，故(17) 对 $f\in C_0$ 成立.

由(17) 的启发，补充定义 $T_0 f = f$，$T_0 = I$(恒等算

子).

引理3讨论了$t\to 0$的情况;至于$t\to\infty$,则有如下引理:

引理 4 若$f\in C_0$,则$\lim\limits_{t\to\infty}\|T_tf\|=0$.

证 对$\varepsilon>0$,存在$r>0$,使$x\notin B_r\equiv\{x\mid |x|\leqslant r\}$时,$|f(x)|<\frac{\varepsilon}{2}$. 于是

$$\begin{aligned}\|T_tf\|&<\frac{\varepsilon}{2}+\sup_y\int_{B_r}\frac{1}{(2\pi t)^{\frac{n}{2}}}\cdot\\&\exp\left(-\frac{|x-y|^2}{2t}\right)f(x)\mathrm{d}x\leqslant\\&\frac{\varepsilon}{2}+\sup_y\|f\|\int_{t^{-\frac{1}{2}}(B_r-y)}\frac{1}{(2\pi)^{\frac{n}{2}}}\cdot\\&\exp\left(-\frac{|z|^2}{2}\right)\mathrm{d}z\leqslant\\&\frac{\varepsilon}{2}+\|f\|\int_{t^{-\frac{1}{2}}B_r}\frac{1}{(2\pi)^{\frac{n}{2}}}\exp\left(-\frac{|z|^2}{2}\right)\mathrm{d}z\end{aligned}\tag{18}$$

其中

$$a(B_r-y)=\{a(x-y)\mid x\in B_r\}$$

因而B_r-y是以$-y$为中心、r为半径的球. 当t充分大时,(18) 中最后一项小于$\frac{\varepsilon}{2}$.

为讨论对一般t的连续性,先证T_t的半群性.

引理 5 $T_{s+t}=T_sT_t(s\geqslant 0,t\geqslant 0,T_0=I)$.

证

$$T_sT_tf(z)=$$

$$(2\pi s)^{-\frac{n}{2}}(2\pi t)^{-\frac{n}{2}}\iint \mathrm{e}^{-\frac{|y-z|^2}{2s}}\mathrm{e}^{-\frac{|x-y|^2}{2t}}f(x)\mathrm{d}x\mathrm{d}y=$$

$$(2\pi s)^{-\frac{n}{2}}(2\pi t)^{-\frac{n}{2}}\iint \exp\left[-\frac{\left|y-\frac{zt+xs}{s+t}\right|^2}{\frac{2st}{s+t}}\right]\cdot$$

$$\exp\left[\frac{-|x-z|^2}{2(s+t)}\right]f(x)\mathrm{d}y\mathrm{d}x$$

其中每次积分都在 R^n 上进行. 利用

$$\left[\frac{2\pi st}{(s+t)}\right]^{-\frac{n}{2}}\int \exp\left[-\frac{\left|y-\frac{zt+xs}{s+t}\right|^2}{\frac{2st}{s+t}}\right]\mathrm{d}y=1$$

得知上式右端等于

$$[2\pi(s+t)]^{-\frac{n}{2}}\int \exp\left[-\frac{|x-z|^2}{2(s+t)}\right]f(x)\mathrm{d}x=$$

$$T_{s+t}f(z)$$

由(16) 及引理 5 知,$\{T_t,t\geqslant 0\}$ 构成作用于 B 上的线性算子压缩半群,(16) 表示压缩性.

引理 6　若 f 均匀连续,或 $f\in C_0$,则 $T_tf(x)$ 对 $t\geqslant 0$ 均匀连续,而且此连续性对 $x\in R^n$ 也是均匀的.

证　利用 T_t 的半群性、压缩性、引理 3 及注 1,对 $h>0$,有

$$\|T_{t+h}f-T_tf\|\leqslant\|T_t\|\cdot\|T_hf-f\|\leqslant$$
$$\|T_hf-f\|\to 0\quad(h\to 0)$$

对 $h=-k<0$,有

$$\|T_{t+h}f-T_tf\|\leqslant\|T_{t-k}\|\cdot\|T_kf-f\|\leqslant$$
$$\|T_kf-f\|\to 0\quad(h\to 0)$$

按范 $\|\cdot\|$ 的收敛称为强收敛,记为 slim. 令

$$D_A=\left\{f\mid f\in B,\text{存在}\operatorname*{slim}_{h\to 0^+}\frac{T_hf-f}{h}=g\in B\right\}\tag{19}$$

简记

$$\operatorname*{slim}_{h\to 0^+}\frac{T_h f - f}{h} = g$$

为

$$Af = g$$

称 A 为半群 $\{T_t, t\geqslant 0\}$ 或过程 X 的强无穷小算子，称 D_A 为 A 的定义域.

下面的定理把 Brown 运动与 Laplace 方程联系起来.

定理 2 设 f 有界、二次连续可微，又二阶偏导数有界且在 R^n 上均匀连续，则 $f\in D_A$，又

$$Af(x) = \frac{1}{2}\sum_{i=1}^{n}\frac{\partial^2 f(x)}{\partial x_i^2}\quad\left(\equiv\frac{1}{2}\Delta f(x)\right)\tag{20}$$

其中 $x=(x_1, x_2, \cdots, x_n)$.

证

$$T_t f(x) = \frac{1}{(2\pi t)^{\frac{n}{2}}}\int\exp\left[-\frac{|y-x|^2}{2t}\right]f(y)\mathrm{d}y =$$

$$\frac{1}{(2\pi t)^{\frac{n}{2}}}\int\mathrm{e}^{-\frac{z^2}{2}}f(x+z\sqrt{t})\mathrm{d}z\tag{21}$$

其中 $\int=\int_{R^n}$. 令 $f_i=\frac{\partial f}{\partial x_i}$, $f_{ij}=\frac{\partial^2 f}{\partial x_i\partial x_j}$，利用 Taylor 展开式，得

$$f(x+z\sqrt{t}) = f(x) + \sqrt{t}\sum_{i=1}^{n}z_i f_i(x) +$$

$$\frac{t}{2}\sum_{i,j=1}^{n}z_i z_j f_{ij}(x) +$$

$$\frac{t}{2}\sum_{i,j=1}^{n}[f_{ij}(\tilde{x}) - f_{ij}(x)]z_i z_j$$

$\tilde{x}$ 的坐标分别在 x 与 $x+z\sqrt{t}$ 的坐标之间. 以此代入

(21),得

$$T_t f(x)=f(x)+\frac{t}{2}\Delta f(x)+ (2\pi)^{-\frac{n}{2}}\frac{t}{2}J(t,x) \qquad (22)$$

其中

$$J(t,x)=\int \mathrm{e}^{-\frac{z^2}{2}}\sum_{i,j=1}^{n}[f_{ij}(\tilde{x})-f_{ij}(x)]z_i z_j\,\mathrm{d}z$$

令

$$F(x,z,t)=\max_{i,j}|f_{ij}(\tilde{x})-f_{ij}(x)|$$

则对任意 $s>0$,有

$$\begin{aligned}|J(t,x)| &\leqslant \int \mathrm{e}^{-\frac{z^2}{2}}\sum_{i,j=1}^{n}F(x,z,t)\frac{z_i^2+z_j^2}{2}\mathrm{d}z= \\ & n\int F(x,z,t)\mathrm{e}^{-\frac{z^2}{2}}z^2\,\mathrm{d}z\leqslant \\ & n\int_{|z|<s}F(x,z,t)z^2\mathrm{e}^{-\frac{z^2}{2}}\mathrm{d}z+ \\ & 2\max_{i,j}\|f_{ij}\|n\int_{|z|\geqslant s}z^2\mathrm{e}^{-\frac{z^2}{2}}\mathrm{d}z\end{aligned}$$

由于 f_{ij} 的均匀连续性,当 $t\downarrow 0$ 时,第一项对 x 均匀地趋于0.故

$$\overline{\lim_{t\to 0^+}}\sup_x|J(t,x)|\leqslant 2\max_{i,j}\|f_{ij}\|n\int_{|z|\geqslant s}z^2\mathrm{e}^{-\frac{z^2}{2}}\mathrm{d}z$$

由 §1 引理 1 知,当 $s\to\infty$ 时,右方趋于0,故

$$\lim_{t\to 0}\sup_x|J(t,x)|=0$$

由此及(22)得

$$\lim_{t\to 0^+}\left\|\frac{T_t f-f}{t}-\frac{1}{2}\Delta f\right\|=0$$

注 2　若 f 有界、二次连续可微,则在任一紧集 $K(\subset R^n)$ 上,均匀地有

$$\lim_{t\to 0^+}\frac{T_tf(x)-f(x)}{t}=\frac{1}{2}\Delta f(x) \tag{23}$$

实际上,只要在上述证明中,改"$\sup\limits_x$"为"$\sup\limits_{x\in K}$",改"均匀"为在"K 上均匀",改"$\|f\|$"为"$\sup\limits_{x\in K}|f(x)|$".

(三)作为马氏过程的 Brown 运动. 考虑$(\Omega,\mathscr{F},P)$上的 Brown 运动$\{x_t(\omega),t\geqslant 0\}$. 不妨设$x_0(\omega)\equiv 0$,因而$P(x_0(\omega)=0)=1$(否则考虑$\{x_t(\omega)-x_0(\omega),t\geqslant 0\}$,它显然也是一 Brown 运动). 自然地称它为自 0 出发的 Brown 运动. 令$\mathscr{N}_t^s$为$\{x_u(\omega),s\leqslant u\leqslant t\}$所产生的$\sigma$代数,记$\mathscr{N}_t=\mathscr{N}_t^0$,$\mathscr{N}^s=\mathscr{N}_\infty^s=\bigcup\limits_{t\geqslant s}\mathscr{N}_t^s$,$\mathscr{N}=\mathscr{N}_\infty^0$.

今对每一$a\in R^n$,定义$x_t^a(\omega)\equiv x_t(\omega)+a$. 由平移不变性,知$X^a\equiv\{x_t^a(\omega),t\geqslant 0\}$也是 Brown 运动,自然地称它为自$a$出发的 Brown 运动. 注意由$\{x_u^a(\omega),s\leqslant u\leqslant t\}$产生的$\sigma$代数也是$\mathscr{N}_t^s$. 以$P_a$表示$X^a$在$\mathscr{N}$上产生的概率测度,它是满足下列条件的唯一测度:对任意$0\leqslant t_1<t_2<\cdots<t_m$,$A_i\in\mathscr{B}^n$,有

$$\begin{aligned}&P_a(x^a(t_1)\in A_1,\cdots,x^a(t_m)\in A_m)=\\&P(x(t_1)+a\in A_1,\cdots,x(t_m)+a\in A_m)=\\&\int_{A_1}p(t_1,a,\mathrm{d}a_1)\int_{A_2}p(t_2-t_1,a_1,\mathrm{d}a_2)\cdot\cdots\cdot\\&\int_{A_m}p(t_m-t_{m-1},a_{m-1},\mathrm{d}a_m)\end{aligned} \tag{24}$$

其中$p(t,x,y)$由(6)定义. 在$\mathscr{N}$上,P重合于P_0.

全体$X^a(a\in R^n)$构成一个马氏过程$X=\{x_t,\mathscr{N}_t,P_x\}$,这时的$x_t$应理解为全体$x_t^a(a\in R^n)$,它的转移密度为(6)中的$p(t,x,y)$. 此马氏过程是由各点出发的 Brown 运动所共同组成的,因而可以利用马氏过程的理论. 以后所说的 Brown 运动,无特别声明时,均指此

马氏过程. X 有下列性质:

(1) 由引理 2(i) 及轨道 x_t 对 t 的连续性,知 X 是强马氏过程(文献[8] 中定理 3.10);

(2) 由引理 2 及文献[8] 中定理 3.3,过程 $X'=(x_t,\mathscr{N}_{t^+},P_x)$ 也是强马氏过程;这里 $\mathscr{N}_{t^+}=\bigcap\limits_{u>t}\mathscr{N}_u$. 又由文献[8] 引理 3.3,关于过程 X',τ 为马氏时间的充要条件是:对任意 $t\geqslant 0$,有

$$(\tau<t)\in\mathscr{N}_t$$

(3) 以 $\overline{\mathscr{N}}_t$ 表示 $\mathscr{N}_t$ 关于一切 $P_x(x\in R^n)$ 的完全化 σ 代数,$\overline{P}_x$ 表示 P_x 在 $\overline{\mathscr{N}}$ 上的延拓,则 $(x_t,\overline{\mathscr{N}}_{t^+},\overline{P}_x)$ 也是强马氏过程(文献[8] 中定理 3.12).

§3　首中时与首中点

(一) 首中时. 近代马氏过程论中的一个极其重要的概念是首中某集 B 的时间. 对 n 维 Brown 运动 X 及集 $B\in\mathscr{B}^n$,定义

$$h_B(\omega)=\begin{cases}\inf\{t>0\mid x_s(\omega)\in B\},\text{如右集非空}\\ \infty,\text{反之}\end{cases}\tag{1}$$

称 $h_B(=h_B(\omega))$ 为 B 的首中时(hitting time),亦称为 $B^c(=R^n-B)$ 的首出时.

h_B 是马氏时间. 当 B 为开集时,此结论极易证明:实际上,由轨道的连续性,对 $t>0$,有

$$(h_B<t)=\bigcup_{\text{有理}r<t}(x_r\in B)\in\mathscr{N}_t$$

但对一般的 $B\in\mathscr{B}^n$,则很难证明而需用到 Choquet 的

容度论(见文献[1]或[23]中附录).

在$(h_B<\infty)$上考虑$x(h_B)(=x(h_B,\omega))$,它是随机变量,取值于R^n,称它为集B的首中点.显然,若B是紧集,则$x(h_B)\in B$.对一般的B,只有$x(h_B)\in\overline{B}$(B的闭包).

引理 1(0－1律) 设$A\in\overline{\mathscr{N}}_{0^+}$,则

$$P_a(A)=0 \text{ 或 } 1$$

证 以θ_t表示X的推移算子(见文献[8]),因$\theta_0A=A$,故由马氏性得

$$P_a(A)=P_a(A\theta_0A)=\int_A P_a(\theta_0A\mid\overline{\mathscr{N}}_{0^+})P_a(\mathrm{d}\omega)=$$

$$\int_A P_{x(0)}(A)P_a(\mathrm{d}\omega)=[P_a(A)]^2$$

既然$(h_B=0)\in\overline{\bigcap_{\varepsilon>0}\mathscr{N}_\varepsilon}=\overline{\mathscr{N}}_{0^+}$,故由引理1,得

$$P_a(h_B=0)=0 \text{ 或 } 1$$

在后一情况下,称a为B的规则点,否则称为非规则点.直观地说,从a出发,做Brown运动的粒子能立刻击中B的点是B的规则点,因此,容易想象,B在规则点附近不能太稀疏,以$\mathring{B}$表示由B的内点所组成的集.由X的轨道的连续性,若$a\in\mathring{B}$,则a是B的规则点;如$a\in(\overline{B})^c$(c表示补集运算),则自a出发,必须在开集$(\overline{B})^c$中停留一段时间而不能立即击中B,故a是B的非规则点.以B^r表示B的规则点的集,由上述得

$$\mathring{B}\subset B^r\subset\overline{B} \tag{2}$$

剩下只是边界$\partial B(=\overline{B}\cap\overline{B^c})$上的点,可以是规则点,也可能非规则.

如B有内点,由(2)知B^r非空.可见对一般的集,规则点应很多而非规则点则较少.的确,以后会证明

(§3,定理 4),B 中非规则点集 $B \cap (B^r)^c$ 的 L 测度为 0.

一个极端情况是 $B^r = \varnothing$(空集),因此 B 必无内点而呈稀疏态.称 B 为疏集,如存在 $D \in \mathscr{B}^n$,$B \subset D$,$D^r = \varnothing$.由此定义

$$P_a(h_B = 0) \leqslant P_a(h_D = 0) \equiv 0$$

故自任一点 a 出发都不能立即击中疏集 B.

更极端的情况是自任一点出发都永不能击中的集.称 B 为极集,如 $P_a(h_B < \infty) \equiv 0$.

显然,极集是疏集.以后将证明:紧集是极集的充要条件是它为疏集(§11,定理 2);B 为极集的充要条件是它的容度 $\widetilde{C}(B) = 0$(§11,定理 4).

(二) 首次通过公式.此公式很重要.设 τ 为马氏时间,对 τ 用强马氏性,得

$$P_a(x_t \in A) = P_a(x_t \in A, \tau > t) + \int_0^t \int P_b(x_{t-s} \in A) P_a(\tau \in \mathrm{d}s, x_\tau \in \mathrm{d}b) \tag{3}$$

因而对可积函数 $f(x)$,有

$$E_a f(x_t) = E_a(f(x_t), \tau > t) + \int_0^t \int E_b f(x_{t-s}) P_a(\tau \in \mathrm{d}s, x_\tau \in \mathrm{d}b) \tag{4}$$

其中$\int = \int_{R^n}$,E_a 表示对应于 P_a 的数学期望.

特别地,如取 $\tau = h_B$,则因 $x(h_B) \in \overline{B}$,故此时(4)中的积分$\int_{R^n}$ 可换为$\int_{\overline{B}}$.

(三) 球面的首中时.对一般的 B,求出 h_B 的分布是相当困难的问题,对首中点 $x(h_B)$ 也如此.只是对少

数的 B,问题可以解决,例如球面 $S_r=\{x \mid |x|=r\}$,$r>0$,简记 S_r 的首中时为 h_r.

定理 1 (i) $P_a(h_r<\infty)=1(|a|\leqslant r)$;

(ii) $E_0 h_r=\dfrac{r^2}{n}$;

(iii) $E_a h_r$ 当 $|a|\leqslant r$ 时有界.

证 由(4)知

$$E_0 f(x_t)=E_0(f(x_t),h_r>t)+\int_0^t\int_{S_r} E_b f(x_{t-s})P_0(h_r\in \mathrm{d}s,x(h_r)\in \mathrm{d}b) \tag{5}$$

特别地,取 $f(x)=|x|^2=\sum_{i=1}^n x_i^2$. 由于 $x(u)$ 的每个分量 $x_i(u)$ 在开始分布 P_{b_i} 下有 $\mathcal{N}(b_i,\sqrt{u})$ 一维正态分布,故

$$E_{b_i}[x_i(u)]^2=b_i^2+u$$

从而

$$E_b f(x_u)=\sum_{i=1}^n E_{b_i}[x_i(u)]^2=|b|^2+nu \tag{6}$$

把(6)代入(5)得

$$nt=E_0(|x_t|^2,h_r>t)+\int_0^t\int_{S_r}[|b|^2+n(t-s)]\cdot P_0(h_r\in \mathrm{d}s,x(h_r)\in \mathrm{d}b)$$

当 $b\in S_r$ 时,$|b|=r$ 是一个常数,故

$$nt=E_0(|x_t|^2,h_r>t)+r^2P_0(h_r\leqslant t)+nE_0(t-h_r,h_r\leqslant t)$$

亦即

$$ntP_0(h_r>t)+nE_0(h_r,h_r\leqslant t)=E_0(|x_t|^2,h_r>t)+r^2P_0(h_r\leqslant t) \tag{7}$$

当 $h_r > t$ 时，$|x_t|^2 < r^2$，故

$$ntP_0(h_r > t) + nE_0(h_r, h_r \leqslant t) \leqslant 2r^2 \tag{8}$$

令 $t \to \infty$，可见 $P_0(h_r > t) \to 0$，或

$$P_0(h_r < \infty) = 1 \tag{9}$$

同理，当 $t \to \infty$ 时，得 $E_0 h_r < \infty$. 由于

$$E_0 h_r = \int_0^t s\mathrm{d}F(s) + \int_t^\infty s\mathrm{d}F(s) \geqslant \int_0^t s\mathrm{d}F(s) + tP_0(h_r > t)$$

其中 $F(s) = P_0(h_r \leqslant s)$，从而 $tP_0(h_r > t) \to 0 (t \to \infty)$. 由此及(9)，于(7)中令 $t \to \infty$，即得 $nE_0(h_r) = r^2$，此即(ii).

今考虑一般的 a，$|a| \leqslant r$. 以 $S_u(a)$ 表示以 a 为中心、u 为半径的球面. 选 u 充分大，使一切 $S_u(a)(|a| < r)$ 都包含 S_r. 以 $h_u(a)$ 表示 $S_u(a)$ 的首中时，$h_u = h_u(0)$，则

$$P_a(h_r < h_u(a)) = 1$$

由 Brown 运动的平移不变性，得

$$P_a(h_r < \infty) \geqslant P_a(h_u(a) < \infty) = P_0(h_u < \infty) = 1$$

最后，有

$$E_a h_r \leqslant E_a[h_u(a)] = E_0 h_u = \frac{u^2}{n}$$

以 e_B 表示 B 的首出时，即 $e_B = h_{B^c}$.

注 1　设 $B \in \mathscr{B}^n$ 有界，则 $E_x(e_B)$ 对 $x \in B$ 有界.

证　只要取充分大的球包含 B，并仿照上证即可.

注 2　若 B 无界，则问题复杂. 例如，设 $n=2$，$B_\alpha = \{x \mid x \in R^2, x \neq 0, 0 < \theta < \alpha\}$，$\theta$ 是 x 与向量 $(1,0)$ 的交角. 可以证明：$E_a(e_{B_\alpha}) < \infty$（一切 $a \in B_\alpha$），等价于

$\alpha < \frac{\pi}{4}$. 对一般的连通开集 B，则可证明：$E_a(e_B^{\frac{p}{2}}) < \infty$ 对某 $a \in B$，因此对一切 $a \in B$ 成立，等价于存在调和于 B 中的函数 u，使 $|x|^p \leqslant u(x), x \in B$（见文献[2, 2_1]）.

注 3　至于 h_r 的分布，在文献[4]中证明了

$$P_0(h_r > a) = \sum_{i=1}^{\infty} \xi_{ni} \exp\left(-\frac{q_{ni}^2}{2r^2}a\right) \quad (a \geqslant 0) \tag{10}$$

其中 q_{ni} 是 Bessel 函数 $J_v(z)\left(v = \frac{n}{2} - 1\right)$ 的正零点，又

$$\xi_{ni} = \frac{q_{ni}^{v-1}}{2^{v-1}\Gamma(v+1)J_{v+1}(q_{ni})} \tag{11}$$

那里还发现了一个有趣的事实：以 $T_r^{(n+2)}$ 表示 $n+2$ 维 Brown 运动在 $n+2$ 维球 $B_r = \left\{x \mid \sum_{i=1}^{n+2} x_i^2 \leqslant r^2\right\}$ 内的停留时间，以 $h_r^{(n)}$ 表示 n 维 Brown 运动首中球面 $S_r = \left\{x \mid \sum_{i=1}^{n} x_i^2 = r^2\right\}$ 的时间，则关于 P_0，$T_r^{(n+2)}$ 与 $h_r^{(n)}$ 同分布，故 $P_0(T_r^{(n+2)} > a)$ 也等于(10)的右边值. 这些结果为文献[10_1]所发展，例如，求出了 h_r 的拉氏变换，即

$$E_b e^{-\lambda h_r} = \left(\frac{r}{|b|}\right)^v \frac{I_v(\sqrt{2\lambda}\,|b|)}{I_v(\sqrt{2\lambda}\,r)} \quad (n \geqslant 2) \tag{12}$$

其中 I_v 为修正贝塞尔(modified Bessel)函数，$v = \frac{n}{2} - 1$，$0 < |b| < r$；而

$$E_0 e^{-\lambda h_r} = \frac{(r\sqrt{2\lambda})^v}{2^v I_v(r\sqrt{2\lambda})\Gamma(v+1)} \quad (n \geqslant 2) \tag{13}$$

在上两式中，$\lambda > 0$.

（四）球面的首中点. 今讨论首中点 $x(h_r)$ 的分布. 由定理 1(i) 知，$P_a(x(h_r)\in S_r)=1$，$|a|\leqslant r$. 下面证明：关于 P_0，$x(h_r)$ 有球面上的均匀分布 U_r，U_r 由 §1 式(16) 定义.

设 H 为 R^n 上的正交变换，它把点 x 变为点 Hx，把集 A 变为集 $HA=\{Hx\mid x\in A\}$. $\mathscr{B}^n$ 上的测度 U 称为关于 H 不变，如 $U(A)=U(HA)$，$A\in\mathscr{B}^n$.

引理 2　设 U 为 S_r 上的概率测度，它对任一保留原点不动的正交变换(或旋转) H 不变，则 $U=U_r$.

证　1° 设 φ 为 U 的特征函数，ξ 是以 U 为分布的随机向量，即 $P(\xi\in A)=U(A)$. 由

$$P(H^{-1}\xi\in A)=P(\xi\in HA)=U(HA)=U(A)$$

知 $H^{-1}\xi$ 与 ξ 同分布. 于是

$$\varphi(x)=E\mathrm{e}^{\mathrm{i}(x,\xi)}=E\mathrm{e}^{\mathrm{i}(x,H^{-1}\xi)}=E\mathrm{e}^{\mathrm{i}(Hx,\xi)}=\varphi(Hx)$$

即 $\varphi(x)$ 在上述变换下也不变，故必为 $|x|$ 的函数，从而存在一元函数 $\psi(x)$，使

$$\varphi(x)=\psi(|x|)\quad(x\in R^n)\tag{14}$$

2° 显见 U_r 对上述变换不变，故由上知，对 U_1 的特征函数 φ_1，存在一元函数 ψ_1，使

$$\varphi_1(x)=\psi_1(|x|)\quad(x\in R^n)\tag{15}$$

而 U_r 的特征函数 $\varphi_r(x)$ 满足

$$\varphi_r(x)=\int_{S_r}\mathrm{e}^{\mathrm{i}(x,y)}U_r(\mathrm{d}y)=\int_{S_1}\mathrm{e}^{\mathrm{i}(rx,y)}U_1(\mathrm{d}y)=\psi_1(r|x|)\quad(x\in R^n)\tag{16}$$

3° 对任意 $s>0$，有

$$\psi(s)\overset{(14)}{=}\int_{S_s}\varphi(x)U_s(\mathrm{d}x)=\int_{S_s}U_s(\mathrm{d}x)\int_{S_r}\mathrm{e}^{\mathrm{i}(x,y)}U(\mathrm{d}y)=\int_{S_r}U(\mathrm{d}y)\left(\int_{S_s}\mathrm{e}^{\mathrm{i}(x,y)}U_s(\mathrm{d}x)\right)=\int_{S_r}\varphi_s(y)U(\mathrm{d}y)\overset{(16)}{=}$$

$$\int_{S_r}\psi_1(s\mid y\mid)U(\mathrm{d}y)=\psi_1(sr) \tag{17}$$

因此

$$\varphi(x)=\psi(\mid x\mid)\overset{(17)}{=}\psi_1(r\mid x\mid)\overset{(16)}{=}\varphi_r(x)$$
$$(x\in R^n)$$

定理 2　对可测集 $A\subset S_r$,有

$$P_0(x(h_r)\in A)=U_r(A) \tag{18}$$

证　以 H 表示引理 2 中的变换,由 §2 引理 1 知,HX 也是 Brown 运动. 以 h'_r 表示 HX 对 S_r 的首中时,则因正交变换保持距离不变,故 $h_r=h'_r$. 于是

$$\begin{aligned}P_0(x(h_r)\in A)=P_0(Hx(h'_r)\in A)=\\ P_0(Hx(h_r)\in A)=\\ P_0(x(h_r)\in H^{-1}A)\end{aligned}$$

这说明 $x(h_r)$ 的分布关于 H^{-1} 不变. 但 H^{-1} 可以是上述任一正交变换,故由引理 2 即得证(18).

注 4　§5 会证明,如从球内任一点 x 出发,则

$$\begin{aligned}&P_x(x(h_r)\in A)=\\ &\int_A r^{n-2}\mid\mid x\mid^2-r^2\mid\mid y-x\mid^{-n}U_r(\mathrm{d}y)\\ &(\mid x\mid<r)\end{aligned} \tag{19}$$

特别地,当 $x=0$ 时,此式化为(18).

注 5　能具体求出首中点分布的,尚有:

1° 超平面 $\Pi=\{x\mid(\boldsymbol{a},x)=c\}$,其中向量 $\boldsymbol{a}\neq\boldsymbol{0}$,$c$ 为常数. 以 μ 表示 Π 上的面积测度,则

$$P_x(x(h_\Pi)\in\mathrm{d}y)=\frac{\Gamma\left(\frac{n}{2}\right)d(x,\Pi)}{\pi^{\frac{n}{2}}\mid y-x\mid^n}\mu(\mathrm{d}y)\quad(n\geqslant 2)$$

其中 $d(x,\Pi)$ 为 x 到 Π 的距离.

2° 当 $n=2$ 时,自 $(x,0)$ 出发 $(x\neq 0)$,坐标轴 Y 的

首中点有 Cauchy 分布密度为$\frac{|x|}{\pi(x^2+y^2)}(y \in R^1)$.

（五）一般性质. 称函数 f 在点 x 下连续，如 $\varliminf_{y\to x} f(y) \geqslant f(x)$.

定理 3　设 $B \in \mathscr{B}^n$,则 $P_x(h_B \leqslant t)$ 对固定的 x 是 $t>0$ 的连续函数;对固定的 $t>0$ 是 x 的下连续函数.

证　设对某 $t>0$,有 $P_x(h_B = t) > 0$,则对任意 $d, 0<a<t$,有

$$\int p(d,x,y)P_y(h_B = t-d)\mathrm{d}y \geqslant P_x(h_B = t) > 0 \tag{20}$$

于是存在 $r>0$ 使

$$\int_{|y|\leqslant r} p(d,x,y)P_y(h_B = t-d)\mathrm{d}y \geqslant \frac{1}{2}P_x(h_B = t) > 0 \tag{21}$$

由此知对任意 $d, 0<d<t$,有

$$\int_{|y|\leqslant r} P_y(h_B = t-d)\mathrm{d}y > 0 \tag{22}$$

否则 $P_y(h_B = t-d) = 0(L\text{-a. e. } y)$,而(21)左边应为 0.

考虑非降函数 $F(t)$,即

$$F(t) = \int_{|y|\leqslant r} P_y(h_B \leqslant t)\mathrm{d}y$$

因 $F(\infty) \leqslant \int_{|y|\leqslant r} \mathrm{d}y < \infty$,故 $F(t)$ 至多只有可列多个不连续点,但(22)却表示其不连续点非可列,此矛盾证实了定理的前一结论.

固定 $t>0$,注意

$$\int p(d,x,y)P_y(h_B < t-d)\mathrm{d}y =$$

$$P_x(\text{对某 } s \in (d,t), x_s \in B)$$

由 §2 引理 2(i) 知,左边对 x 连续,因而右边对 x 也连续. 但 $d \downarrow 0$ 时,右边 $\uparrow P_x(h_B < t) = P_x(h_B \leqslant t)$,故后者对 x 下连续.

定理 4 设 $B \in \mathscr{B}^n$,则 B^r 是 G_δ 型集,而且 $B \cap (B^r)^c$ 的 L 测度为 0.

证 由定理 3 后一结论知,对固定的 $t > 0$ 及 a, $\{x \mid P_x(h_B \leqslant t) > a\}$ 是开集,故由下式立即得知 B^r 是 G_δ 集

$$B^r = \{x \mid P_x(h_B = 0) = 1\} = \bigcap_{n=1}^{\infty} \left\{x \mid P_x\left(h_B \leqslant \frac{1}{n}\right) > 1 - \frac{1}{n}\right\}$$

任取相对紧集[①] $A \subset B \cap (B^r)^c$. 先证

$$\lim_{t \downarrow 0} \int_A P_x(x_t \in A) \mathrm{d}x = 0 \tag{23}$$

实际上,我们有

$$P_x(x_t \in A) \leqslant P_x(h_A \leqslant t) \leqslant P_x(h_B \leqslant t)$$

当 $x \in A$ 时,$x \in (B^r)^c$,故

$$0 \leqslant \overline{\lim_{t \downarrow 0}} P_x(x_t \in A) \leqslant \lim_{t \downarrow 0} P_x(h_B \leqslant t) = 0$$

由 Fatou 引理得证(23). 考虑有界连续函数 $f(x)$,即

$$f(x) = \int \chi_A(z+x)\chi_A(z)\mathrm{d}z = \int_A \chi_A(z+x)\mathrm{d}z$$

χ_A 为 A 的示性函数.

$$E_0 f(x_t) = E_0 \int_A \chi_A(z + x_t)\mathrm{d}z = \int_A P_0(x_t + z \in A)\mathrm{d}z =$$

① 称集 $A \in \mathscr{B}^n$ 为相对紧集,如 $\overline{A}$ 紧.

$$\int_A P_z(x_t \in A)\mathrm{d}z$$

由(23),得 A 的测度为

$$|A| = f(0) = \lim_{t \downarrow 0} E_0 f(x_t) =$$

$$\lim_{t \downarrow 0} \int_A P_x(x_t \in A)\mathrm{d}x = 0$$

注 6　令 $f_B(x,t) = P_x(h_B \leqslant t)$,紧集 $B \subset R^3$. 可以证明:$f_B(x,t)$ 是热传导方程

$$\frac{\partial f}{\partial t} = \frac{1}{2}\Delta f \quad (t > 0, x \in B^c)$$

在下列条件下的唯一解:

开始条件 $f(x,0) = 0 (x \in B^c)$;

边值条件 $\lim\limits_{x \to y} f(x,t) = 1 (t > 0, y \in B \cap B^r)$.

因此,可视 $f_B(x,t)$ 为于时刻 t 在点 $x \in B^c$ 上的温度. 在时刻 t 自 B 流入周围介质 B^c 中的总能量为

$$E_B(t) = \int_{B^c} P_x(h_B \leqslant t)\mathrm{d}x = \int_{B^c} f_B(x,t)\mathrm{d}x$$

可以证明[19]:当 $n = 3, t \to \infty$ 时,有

$$E_B(t) = tC(B) + 4(2\pi)^{-\frac{3}{2}}[C(B)]^2 t^{\frac{1}{2}} + O(t^{\frac{1}{2}})$$

而且若 B 为球,则 $O(t^{\frac{1}{2}}) \equiv 0 (t > 0)$. 其中 $C(B)$ 是 B 的容度(见 §9).

§4　调和函数

(一) 定义. 设 $A \subset R^n$ 为任一开集,称函数 $h(x)$ 在 A 中调和,如它在 A 中连续,$\dfrac{\partial^2 u}{\partial x_i^2}$ 存在,而且满足 Laplace 方程

$$\Delta h \equiv \sum_{i=1}^{n} \frac{\partial^2 h}{\partial x_i^2} = 0 \tag{1}$$

例 1 设 a 为任一定点，c_1 与 c_2 为两常数. 令

$$h(x) = c_1 + \frac{c_2}{|x-a|^{n-2}} \quad (n \neq 2) \tag{2}$$

$$h(x) = c_1 + c_2 \log \frac{1}{|x-a|} \quad (n=2) \tag{3}$$

由直接计算知，它们在 $R^n - \{a\}$ 中调和. 事实上，$h(x)$ 除在点 a 外连续. 设 $a=(a_1, a_2, \cdots, a_n)$，则

$$|x-a| = \sqrt{\sum_{i=1}^{n}(x_i - a_i)^2}$$

若 $n>2$，则

$$\frac{\partial h}{\partial x_i} = c_2 \frac{(2-n)(x_i - a_i)}{|x-a|^n}$$

$$\frac{\partial^2 h}{\partial x_i^2} = c_2 \left\{ \frac{n(n-2)(x_i - a_i)^2}{|x-a|^{n+2}} - \frac{n-2}{|x-a|^n} \right\}$$

由此知 h 满足(1). 对 $n=1,2$，证明类似.

注意，调和函数定义中的连续性必不可少.

下列 Дынкин 定理很是有用. 证明见文献[8]第 5 章 §1(或文献[22]§5.1 定理 1) 及本文 §2 定理 2.

定理 1 设 A 为相对紧开集. 若函数 u 在 $\overline{A}$ 中连续，Δu 在 A 中存在、连续且有界，则对一切 $x \in \overline{A}$ 有

$$E_x[u(x_e)] - u(x) = \frac{1}{2} E_x \left[\int_0^e \Delta u(x_s) \mathrm{d}s \right] \tag{4}$$

其中 $e = e_A$ 为 A 的首出时.

由(4)知，如 u 在 $\overline{A}$ 中连续且在 A 内调和，则

$$u(x) = E_x[u(x_e)] \quad (x \in \overline{A}) \tag{5}$$

下面讨论调和性的等价条件.

称函数 $f(x)$ 在开集 A 中为局部可积的，如它在 A

中每一紧集上为 L 可积. 称 $u(x)$ 在 A 中具有球面平均性,如对每点 $a \in A$ 和每个球 $B_r(a) \equiv \{x \mid |x-a| \leqslant r\} \subset A(r>0)$,有

$$u(a)=\int_{S_r(a)} u(x) U_r(\mathrm{d}x) \tag{6}$$

U_r 为球面 $S_r(a)$ 上的均匀分布. 由 §3 定理 2,可改写 (6) 为

$$u(a)=E_a[u(x_{e_r})] \tag{7}$$

e_r 为 $S_r(a)$ 的首中时,也是开球 $\mathring{B}_r(a) \equiv \{x \mid |x-a|<r\}$ 的首出时. 这是球面平均性的概率表示.

定理 2　函数 $h(x)$ 在开集 A 中调和的充要条件是它在 A 中局部可积而且有球面平均性.

证　设 $h(x)$ 调和,由连续性得局部可积性. 任取 $a \in A, \mathring{B}_r(a) \subset A$,在(5) 中取 u 为 h, e 为 e_r,即得球面平均性.

反之,设 h 局部可积,而且满足(6). 暂①增设 $h \in C^2(A)$,则必有 $\Delta h=0$. 否则,如说在某点 $a \in A$,有 $\Delta h(a)>0$(<0时讨论类似). 由于$h \in C^2(A)$,必存在 $B_r(a) \subset A$,使

$$P_a(\Delta h(x_s)>0, s \leqslant e_r)=1$$

由(4) 得

$$E_a[h(x_{e_r})]-h(a)=\frac{1}{2} E_a\left[\int_0^{e_r} \Delta h(x_s) \mathrm{d}s\right]>0$$

这与 h 满足(6) 矛盾.

现在证明:$h \in C^2(A)$ 的增设是多余的. 甚至可以证明更强的结果:如 h 在 A 中局部可积而且有球面平

---

① 说 $h \in C^m(A)$,如 h 在 A 中有 $K(\leqslant m)$ 阶连续偏导数.

均性，则 $h \in C^\infty(A)$.

为证此，首先注意：如 $g(x)(x \in R^n)$ 为 L 可积，则有等式（见 §1，注 1）

$$\int g(x)\mathrm{d}x = |S_1| \int_0^\infty \left(\int_{S_r} g(x) U_r(\mathrm{d}x) r^{n-1}\mathrm{d}r\right) > 0 \tag{8}$$

其中 $|S_1|$ 为单位球的面积（§1 式(15)）. 任取 $x_0 \in A$，选 $\delta > 0$，使球 $B_{2\delta}(x_0) \subset A$. 以 ψ 表示 $[0,\infty)$ 上的非负、无穷次可微的函数，它在 $[\delta^2,\infty)$ 上恒为 0，但在 $[0,\delta^2)$ 上不恒为 0. 则由(8)有

$$\int_A \psi(|y-x|^2)h(y)\mathrm{d}y = \int_{B_\delta(0)} \psi(|y|^2)h(x+y)\mathrm{d}y =$$

$$|S_1| \int_0^\delta \left[\int_{S_r} \psi(|y|^2)h(x+y)U_r(\mathrm{d}y)\right] r^{n-1}\mathrm{d}r =$$

$$|S_1| \int_0^\delta \psi(r^2) \left[\int_{S_r} h(x+y)U_r(\mathrm{d}y)\right] r^{n-1}\mathrm{d}r =$$

$$|S_1| \int_0^\delta \psi(r^2) \left(\int_{S_r(x)} h(y)U_r(\mathrm{d}y)\right) r^{n-1}\mathrm{d}r =$$

$$|S_1|\, h(x) \int_0^\delta \psi(r^2) r^{n-1}\mathrm{d}r$$

但此式左边作为 x 的函数在 $\mathring{B}_\delta(x_0)$ 中无穷次可微，故右边中的 $h(x)$ 也如此.

对局部可积函数 $f(x)$，以 $S^r f(a)$ 表示它对球面 $S_r(a)$ 关于均匀分布的平均值，即有

$$S^r f(a) \equiv \int_{S_r(a)} f(x) U_r(\mathrm{d}x) = \frac{1}{|S_r(a)|}\int_{S_r(a)} f(x) L_{n-1}(\mathrm{d}x) \tag{9}$$

以 $B^r f(a)$ 表示它对球体 $B_r(a)$ 关于 Lebesgue 测度 L 的平均值，即

$$B^r f(a) \equiv \frac{1}{|B_r(a)|}\int_{B_r(a)} f(x)L(\mathrm{d}x) \quad (10)$$

$|B_r(a)|$ 表示 $B_r(a)$ 的体积. 我们有

$$B^r f(a) = \frac{1}{|B_r(a)|}\int_0^r\int_{S_u(a)} f(x)L_{n-1}(\mathrm{d}x)\mathrm{d}u =$$

$$\frac{1}{|B_r(a)|}\int_0^r |S_u(a)| S^u f(a)\mathrm{d}u \quad (11)$$

今设 h 调和,则 $h(a)=S^u h(a)$. 以 h 代替(11) 中的 f,得

$$B^r h(a) = \frac{h(a)}{|B_r(a)|}\int_0^r |S_u(a)| \mathrm{d}u = h(a) \quad (12)$$

这表示调和函数也有球体平均性.

(二) 性质. 调和性的约束随所在区域的扩大而加强,极而言之,则有如下定理:

定理 3　在 R^n 中调和而且有下界(或上界) 的函数 $h(x)$ 是一个常数.

证　因调和函数的负仍调和,故只需考虑有下界的情况,且不妨设下界为 0. 任取两点 x,y,令 $a=|x-y|$. 对 $s>0$,有 $B_s(y)\subset B_{a+s}(x)$,故

$$\int_{B_s(y)} h(z)L(\mathrm{d}z) \leqslant \int_{B_{a+s}(x)} h(z)L(\mathrm{d}z)$$

亦即

$$|B_s(y)| B^s h(y) \leqslant |B_{a+s}(x)| B^{a+s} h(x)$$

利用(12) 得

$$|B_s(y)| h(y) \leqslant |B_{a+s}(x)| h(x)$$

于是由 $\lim\limits_{s\to\infty}\dfrac{|B_s(y)|}{|B_{a+s}(x)|}=1$ 立即得到 $h(y)\leqslant h(x)$. 由 x 与 y 的对称性即得 $h(x)=h(y)$.

定理 4(极大(或极小) 原理)　设 h 在有界开集 A 中调和,在 $\overline{A}$ 中连续,则对任意 $a\in\overline{A}$ 有

$$\inf_{x\in\partial A} h(x) \leqslant h(a) \leqslant \sup_{x\in\partial A} h(x) \qquad (13)$$

证　以 e 表示 A 的首出时. 由 Brown 运动轨道的连续性知, x_e 属于 A 的边界 ∂A. 由(4)得

$$h(a)=E_a[h(x_e)]=\int_{\partial A} h(x)P_a(x_e\in \mathrm{d}x) \quad (a\in \overline{A})$$

由此立即得(13).

调和函数有许多有趣的性质,我们只叙述上述的一些,因为它们以后要用到,而且与概率论关系密切.

(三)Brown 运动轨道的性质

a. 设 $e\equiv e(r,R)$ 为球层 $A=\{x \mid 0<r<|x|<R\}$ 的首出时,则对 $a\in A$ 有

$$P_a(|x_e|=r)=\begin{cases}\dfrac{R^{2-n}-|a|^{2-n}}{R^{2-n}-r^{2-n}}, n\neq 2\\ \dfrac{\log R-\log|a|}{\log R-\log r}, n=2\end{cases} \qquad (14)$$

实际上,如 $n\neq 2$,取 $h(x)=|x|^{2-n}$,由例 1 知它在 A 中调和. 又由 §3 定理 1 知, $P_a(e<\infty)=1(a\in A)$. 从而

$$P_a(|x_e|=R)+P_a(|x_e|=r)=1$$

以此 h 的表达式代入 $h(a)=E_a[h(x_e)]$,得

$$|a|^{2-n}=R^{2-n}(1-P_a(|x_e|=r)+r^{2-n}P_a(|x_e|=r)$$

由此立即得(14)中前一结论. 同理,对 $n=2$,取 $h(x)=\log|x|$,可得后一结论.

b. 令 e_r 为球面 $S_r(0)=\{x \mid |x|=r\}$ 的首中时,则对 $|a|>r$,有

$$P_a(e_r<\infty)=\begin{cases}\left(\dfrac{r}{|a|}\right)^{n-2}, n\geqslant 3\\ 1, n\leqslant 2\end{cases} \qquad (15)$$

实际上，$e_r = \lim\limits_{R\to\infty} e(r,R)$，故

$$P_a(e_r < \infty) = \lim_{R\to\infty} P_a(|x_e| = r)$$

由此及(14)即得(15).

c. 一、二维 Brown 运动具有常返性. 设 a,b 为任两点，h_b 为 b 的邻域 V_b 的首中时，则

$$P_a(h_b < \infty) = 1 \tag{16}$$

实际上，由(15)第二式知此结论对 $b=0$ 成立，由类似的证明知它对任意 b 也成立. 对一维 Brown 运动，(16)还可加强，即其中的 h_b 可理解为单点集 $\{b\}$ 的首中时. 实际上，设 $a<b$，任取 $c>b$. 则由(16)知，自 a 出发，首中 c 的任一不含 b 的邻域的概率为 1；由轨道的连续性及 $a<b<c$，中间经过 b 的概率也为 1.

d. 二维 Brown 运动轨道处处稠密. 令

$$D_t = \{\omega \mid \{x_s(\omega), s \geqslant t\} \text{ 在 } R^2 \text{ 中稠密}\}$$

则对任意 a，有 $P_a(D_t) = 1 (t \geqslant 0)$.

实际上，以 $h_b^{(r)}$ 表示圆 $\{x \mid |x-b| \leqslant r\}$ 的首中时，则由(16)知

$$P_a(D_0) = P_a(\bigcap_b \bigcap_r (h_b^{(r)} < \infty)) = 1$$

其中的交对一切二维有理点 b 及有理数 $r>0$ 进行. 其次

$$P_a(D_t) = P_a(\theta_t D_0) = E_a P_{x(t)}(D_0) = 1$$

e. 由于对任意 $t>0$，$P_a(D_t)=1$，因此

$$\begin{aligned} &P_a(\overline{\lim_{t\to\infty}} |x_t| = \infty) = 1 \\ &P_a(\overline{\lim_{t\to\infty}} |x_t| = 0) = 1 \end{aligned} \tag{17}$$

f. 当 $n \geqslant 2$ 时，任意单点集 $\{a\}$ 是极集. 为此，只要在(14)中先令 $r\to 0$，再令 $R\to\infty$，即得 $P_a(e_0<\infty)=0$，一切 $a\neq 0$，其中 e_0 为 $\{0\}$ 的首中时.

其次，由 $P_0(x_t=0)=0(t>0)$，得 $P_{x(t)}(e_0<\infty)=0(P_0$- a.e.)，故

$$P_0(\theta_t e_0<\infty)=E_0 P_{x(t)}(e_0<\infty)=0$$

令 $t\downarrow 0$，即得 $P_0(e_0<\infty)=0$. 于是得证

$$P_a(e_0<\infty)=0 \quad (\text{一切 } a) \tag{18}$$

亦即得证$\{0\}$是极集.类似可证任意单点集为极集.

然而由 c 中最后所述，当 $n=1$ 时，单点集都常返，故一维 Brown 运动无非空极集.

g. $n\geqslant 3$ 维 Brown 运动是暂留的，即

$$P_a(\lim_{t\to\infty}|x_t|=\infty)=1 \tag{19}$$

因而它不常返.注意，此式加强了(17).为证此，令

$$T_m=\inf\{t>0\mid |x_t|\leqslant m\}$$

$$u_m=\inf\{t>0\mid |x_t|\geqslant m^3\}$$

由§3定理1知，$P_a(u_m<\infty)=1$，对于一切 a，一切正整数 m. 从而 $P_a(\theta_t u_m<\infty)=1(t\geqslant 0)$，故重新得证

$$P_a(\overline{\lim_{t\to\infty}}|x_t|=\infty)=1 \tag{20}$$

由强马氏性及(15)，得

$$P_a(\theta_{u_m}(T_m)<\infty)=E_a P_{x(u_m)}(T_m<\infty)=$$

$$E_a\left[\left(\frac{m}{m^3}\right)^{n-2}\right]=m^{2(2-n)}$$

故对一切 a，有

$$\sum_{m=1}^{\infty}P_a(|x(t+u_m)|\leqslant m \text{ 对某 } t)=$$

$$\sum_{m=1}^{\infty}P_a(\theta_{u_m}(T_m)<\infty)=$$

$$\sum_{m=1}^{\infty}m^{2(2-n)}<\infty$$

根据 Borel-Cantelli 引理，上式首项中的事件以 P_a —

概率 1 只出现有限多个，此与(20) 结合即得证(19).

§5　Dirichlet 问题

（一）问题的提出与解决. 设 A 为开集，$A \subset R^n$，$n \geqslant 2$. 在 A 的边界 ∂A 上已给连续函数 f，需要求出在 $\overline{A}$ 连续、在 A 中调和的函数 h，而且满足边值条件

$$h(x) = f(x) \quad (x \in \partial A) \tag{1}$$

简称它为 D－问题，是 Gauss 于 1840 年提出的. Gauss 以为他已用"Dirichlet 原理" 解决了它，但后来发现推理有错. 1909 年 Zaremba 及 1913 年 Lebesgue 都给出了甚至当 A 有界时也无解的例子. 1924 年 Wiener 提出了广义的 D－问题，后者恒有解. 但他未发现与 Brown 运动的联系；这种联系是 Kakutani 于 1944、Doob 于 1954 年发现的.

D－问题是否有解，依赖于边界 ∂A 上的点是否对 A^c 规则. 粗略地说，A^c 在边界点的邻近不能太小，以使 Brown 粒子从边界点出发能立即击中 A^c，问题才有解.

若 A 有界且有解，则解必唯一；对无界的 A，则解可不唯一而有无穷多个.

D－问题在微分方程理论中已有很深入的研究，我们这里不追求问题的更广泛的提法，而把重点放在概率方法上. 人们正是通过 D－问题最初发现 Brown 运动与位势间的关系的.

定理 1　设 A 为有界开集，$A \subset R^n$，$n \geqslant 2$，则 D－问题有解的充要条件是 ∂A 的每一点都是 A^c 的规则点. 此时解 $h(x)$ 唯一，而且可表示为

$$h(x)=E_x f(x_e) \quad (x \in \overline{A}) \tag{2}$$

e 为 A 的首出时.

证 1° 唯一:设 h_1, h_2 都是解,则 h_1-h_2 在 A 中调和,在 ∂A 上为 0. 由 §4 的极大原理,得

$$h_1(x)=h_2(x) \quad (x \in \overline{A})$$

2° 充分:因 A 有界,由 §3 注 1,得 $P_x(e<\infty)\equiv 1$. 由于 ∂A 的每一点 b 对 A^c 规则,故 $P_b(e=0)=1$. 因此,由(2) 定义的 $h(x)$ 满足边值条件

$$h(b)=E_b f(x_0)=f(b) \quad (b \in \partial A)$$

因 A 有界,f 在 ∂A 连续,故有界. 由(2) 定义的 $h(x)$ 有界可测,故局部可积.

以 T 表示球面 $S_r(x)$ 的首中时,$x \in A, B_r(x) \subset A$. 由强马氏性知,(2) 中 h 满足

$$h(x)=E_x f(x(T+\theta_T e))=E_x E_{x(T)} f(x(e))=$$
$$E_x h(x(T)) \tag{3}$$

故 h 在 A 中有球面平均性(参看 §4 式(7)). 这连同局部可积性即知 $h(x)$ 在 A 中调和.

剩下要证(2) 中的 $h(x)$ 在 $a \in \partial A$ 连续,亦即要证

$$\lim_{x \to a} E_x f(x_e)=f(a) \quad (x \in \overline{A}) \tag{4}$$

为此,先证对任 $\varepsilon>0$ 有

$$\lim_{x \to a} P_x(|x_e-a| \geqslant \varepsilon)=0 \tag{5}$$

而利用 $|x_e-a| \leqslant |x_e-x|+|x-a|$,可见为证(5),又只要证

$$\lim_{x \to a} P_x(|x_e-x| \geqslant \varepsilon)=0 \tag{6}$$

这是由于

$$(|x_e-a| \geqslant \varepsilon) \subset$$
$$\left(|x_e-x| \geqslant \frac{\varepsilon}{2}\right) \cup \left(|x-a| \geqslant \frac{\varepsilon}{2}\right)$$

$$\lim_{x\to a} P_x(|x_e - a| \geqslant \varepsilon) \leqslant \lim_{x\to a} P_x\left(|x_e - x| \geqslant \frac{\varepsilon}{2}\right)$$

下证(6). 我们有

$$\begin{aligned}
&P_x(|x_e - x| \geqslant \varepsilon) = \\
&P_x(|x_e - x| \geqslant \varepsilon, e \geqslant t) + \\
&P_x(|x_e - x| \geqslant \varepsilon, e < t) \leqslant \\
&P_x(e \geqslant t) + P_x(\sup_{0\leqslant s\leqslant t} |x_s - x| \geqslant \varepsilon) \leqslant \\
&P_x(e \geqslant t) + P_0(\sup_{0\leqslant s\leqslant t} |x_s| \geqslant \varepsilon) = \\
&P_x(e \geqslant t) + P_0(T_\varepsilon \leqslant t) \qquad (7)
\end{aligned}$$

其中 T_ε 为开球 $\mathring{B}_\varepsilon(0) = \{x \mid |x| < \varepsilon\}$ 的首出时. 因 0 是 $B_\varepsilon(0)$ 的内点，故是 $R^n \setminus \mathring{B}_\varepsilon(0)$ 的非规则点，从而

$$\lim_{t\to 0} P_0(T_\varepsilon \leqslant t) = P_0(T_\varepsilon = 0) = 0$$

故对 $\varepsilon_1 > 0$，存在 $t_0 > 0$，当 $t \leqslant t_0$ 时，有

$$P_0(T_\varepsilon \leqslant t) < \frac{\varepsilon_1}{2} \qquad (8)$$

固定如此的 $t = t_0$. 由 §3 定理 3 知，$P_x(e > t)$ 对 x 上连续；又 a 对 A^c 规则，故

$$\overline{\lim_{x\to a}} P_x(e \geqslant t_0) \leqslant \overline{\lim_{x\to a}} P_x\left(e > \frac{t_0}{2}\right) \leqslant P_a\left(e > \frac{t_0}{2}\right) = 0$$

故存在 $\delta > 0$，当 $x \in B_\delta(a) \cap \overline{A}$ 时，有

$$P_x(e \geqslant t_0) < \frac{\varepsilon_1}{2} \qquad (9)$$

综合(7)(8)(9) 知，对任何 $\varepsilon > 0, \varepsilon_1 > 0$，当 $x \in B_\delta(a) \cap \overline{A}$ 时，有

$$P_x(|x_e - x| \geqslant \varepsilon) < \varepsilon_1$$

于是(6) 以及(5) 得证.

由(5)及 f 的连续性,对 $\varepsilon_2>0,\varepsilon_3>0$,存在 $r>0$,当 $x\in B_r(a)\cap\overline{A}$ 时,有

$$P_x(|f(x_e)-f(a)|>\varepsilon_2)<\varepsilon_3$$

令 $B=\{\omega\,||f(x_e)-f(a)|>\varepsilon_2\}$,得

$$\begin{aligned}&|E_xf(x_e)-f(a)|\leqslant E_x|f(x_e)-f(a)|=\\&E_x(|f(x_e)-f(a)|,B)+\\&E_x(|f(x_e)-f(a)|,B^c)\leqslant\\&2\|f\|\varepsilon_3+\varepsilon_2\end{aligned}$$

其中 $\|f\|=\sup\limits_x|f(x)|$,由此得证(4).

3° 必要:即要证明如 D-问题对一切连续边值函数 f 有解,则每一 $a\in\partial A$ 对 A^c 规则.取 $f\geqslant0$ 为定义在 ∂A 上的连续函数,而且只在一点 a 上,有 $f(a)=0$.由假设,存在连续于 $\overline{A}$、调和于 A 中的函数 $h(x)$,它在 ∂A 上等于 f.由 §4 式(5)得

$$h(x)=E_x[h(x_e)]=E_xf(x_e)\quad(x\in\overline{A})$$

故

$$E_af(x_e)=h(a)=f(a)=0$$

由此及 $f\geqslant0$,得 $P_a(f(x_e)=0)=1$.但 f 只在点 a 为 0,故 $P_a(x_e=a)=1$.由于单点集 $\{a\}$ 为极集(见 §4, f),则必有 $P_a(e=0)=1$,即 $a\in(A^c)^r$.

注 1 Wiener 提出的广义 D-问题是:设已给开集 A,在 ∂A 上已给连续函数 f,需要求出函数 h,它在 A 中调和,而且对任意 $b\in\partial A\cap(A^c)^r$,有

$$\lim_{A\ni x\to b}h(x)=f(b)\qquad(10)$$

当 A 有界时,仔细看定理 1 的证明 2°,可见(2)中的 $h(x)$ 仍是此广义 D-问题的解.但那里的唯一性证明 1° 不能通过,因为此时极大原理不能用.不过可以证明解仍是唯一的(见文献[18]第 5 章 §5).

注 2　今考虑任意开集(未必有界)A 及定义在 ∂A 上的有界连续函数 f,若 $\partial A \subset (A^c)^r$,则 $D-$问题有解为

$$h(x) = E_x[f(x_e), e < \infty] + cP_x(e = \infty) \quad (11)$$

c 为任意常数. 实际上,仿照定理 1 中的证明 2°,可见 $E_x[f(x_e), e < \infty]$ 仍是 $D-$问题之一解. 特别地,取 $f \equiv 1$,则 $P_x(e < \infty)$ 是边值为 1 的 $D-$问题之解,$P_x(e = \infty)$ 是边值为 0 的 $D-$问题之解. 因此,对任意常数 c,(11) 是原 $D-$问题之解. 进一步还可证明:$D-$问题的任一解必呈形(11)(见文献[15,17]).

注 3　在 Zaremba 的反例中,$A = \mathring{B}_1 \backslash \{0\}$ 是去掉原点的单位开球,边值函数 f 满足:$f(0) = 1, f(x) = 0, x \in S_1$(单位球面). $\{0\}$ 是极集,广义 $D-$问题有解为 $h(x) = E_x f(x_e) = 0, x \in A$(注意 $h(0) \neq 1$). 但 $D-$问题无解. 关于 Lebesgue 的反例及其物理解释,见文献[12] § 7.12.

式(2) 开创了用概率方法解数学分析问题的先例. 关于一般的椭圆型方程等的概率解法可见文献[8]第 13 章及文献[9]. 以某些方程的概率表示为理论基础的 Monte-Calro 方法,给出了这些方程的数值解.

定理 1 可作如下推广:设 A 为有界开集,$\partial A \subset (A^c)^r$,$f$ 为 ∂A 上的连续函数,e 为 A 的首出时,则

$$\Phi_\lambda(x) = E_x e^{-\lambda e} f(x_e) \quad (\lambda \geq 0) \quad (12)$$

在 A 中二次连续可微,而且是微分方程

$$\lambda \Phi_\lambda(x) - \frac{1}{2} \Delta \Phi_\lambda(x) = 0 \quad (x \in A) \quad (13)$$

在边值条件

$$\lim_{A \ni x \to a} \Phi_\lambda(x) = f(a) \quad (a \in \partial A)$$

下的唯一解(证见文献[5]卷2,第4章 §4).

若 $\lambda=0$,则得定理1;若 $f\equiv 1$,则得 e 的分布的拉氏变换.

(二) 锥判别法. 由定理1可见点的规则性起着重要作用. 至于判断边界点是否规则,有下列简单的、Poincaré 的锥判别法.

称 R^n 中集 K 为顶点在 $b\in R^n$ 的锥,如存在单位向量 $\boldsymbol{u}\in R^n$ 及常数 $\alpha>0$, 使 $K=\{\boldsymbol{x}\mid \boldsymbol{x}\in R^n, |(\boldsymbol{x}-\boldsymbol{b})\cdot\boldsymbol{u}|\geqslant\alpha|\boldsymbol{x}-\boldsymbol{b}|\}$. 设 $B_a(b)$ 是以 b 为心、以 $a>0$ 为半径的球,称 $K\cap B_a(b)$ 为一锥顶.

定理 2 设 $B\in\mathscr{B}^n$, $x\in\partial B$. 若存在以 x 为顶点的锥顶 $K\cap B_a(x)\subset B$,则 $x\in B^r$(图1).

证 以 h_a 表示球面 $S_a(x)$ 的首中时. 由 §3 定理2,得

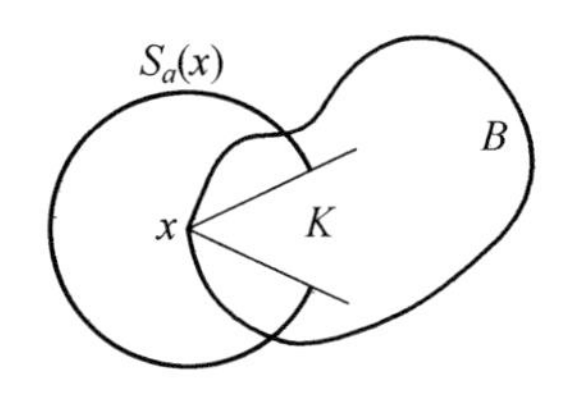

图 1

$$P_x(x(h_a)\in B\cap S_a(x))=U_a(B\cap S_a(x))\geqslant U_a(K\cap S_a(x))$$

注意 $U_a(K\cap S_a(x))=\beta>0$ 与 $a>0$ 无关. 由于

$$(x(h_a)\in B)\subset(h_B\leqslant h_a)$$

h_B 为 B 的首中时,故

$$P_x(h_B\leqslant h_a)\geqslant P_x(x(h_a)\in B)\geqslant P_x(x(h_a)\in B\cap S_a(x))\geqslant\beta>0$$

由 §3 定理1(ii),得 $P_x(\lim\limits_{a\to 0}h_a=0)=1$. 在上式中令

$a \to 0$,得 $P_x(h_B=0) \geqslant \beta > 0$. 根据 $0-1$ 律,有

$$P_x(h_B=0)=1$$

故 $x \in B^r$.

锥法虽只给出充分条件,但简单好用. 至于充要条件则有 Wiener 判别法:

设 $B \in \mathscr{B}^n (n \geqslant 3)$. $B_m=\{y \mid y \in B, \lambda^{m+1} < |y-x| \leqslant \lambda^m\}$,其中常数 $0<\lambda<1$,又 $x \in R^n$ 为定点. 则 $x \in B^r$ 的充要条件是 $\sum_{m=1}^{\infty} \lambda^{m(2-n)} C(B_m)=\infty$,$C(B_m)$ 表示 B_m 的容度(见文献[12]及[17]). 当 $n=2$ 时也有类似结果.

(三)球的 D－问题. 设 $n \geqslant 3$,A 为开球 $\mathring{B}_r$,$r>0$. 一方面,由微分方程知,D－问题的解由下列 Poisson 公式给出

$$h(x)=\int_{S_r} r^{n-2} \frac{|r^2-|x|^2|}{|x-z|^n} f(z) U_r(\mathrm{d}z) \quad (|x|<r) \tag{14}$$

今考虑外 D－问题①:求 $h(x)$,它在 $B_r^c=\{x \mid |x|>r\}$ 中调和,在 S_r 上,有 $h(x)=f(x)$,f 连续,而且满足

$$\lim_{|x| \to \infty} h(x)=0 \tag{15}$$

则在微分方程中也证明了:此时外 D－问题有唯一解 $h(x)$,它仍然由(14)给出,但其中 $|x|>r$.

现在转到概率方面. 以 e 表示 S_r 的首中时,由定理 1 知,此 D－问题的解为

① 参看文献[6]卷 2,第 4 章 §2.2 及文献[20]第 4 章 §2,§4.

$$h(x)=E_xf(x_e)=E_x(f(x_e),e<\infty)\quad(|x|<r)\tag{16}$$

现在证明,外 D－问题的解 $h(x)$ 也由(16) 给出,但 $|x|>r$. 实际上,由注 2 已知(16) 中 $h(x)(|x|>r)$ 是一解;其次,由方程论知在附加条件(15) 下,外 D－问题的解唯一. 因此,只需验证(16) 中 $h(x)(|x|>r)$ 满足(15). 为此,先注意由 §4 式(15),得

$$\lim_{|x|\to\infty}P_x(e=\infty)=1$$

故

$$\lim_{|x|\to\infty}|h(x)|\leqslant\lim_{|x|\to\infty}E_x(|f(x_e)|,e<\infty)\leqslant \|f\|\lim_{|x|\to\infty}P_x(e<\infty)=0$$

综合上述两方面,得

$$E_xf(x_e)=\int_{S_r}r^{n-2}\frac{|r^2-|x|^2|}{|x-z|^n}f(z)U_r(\mathrm{d}z)\quad(x\notin S_r)\tag{17}$$

由此推知,球面 S_r 的首中点有分布为

$$P_x(x_e\in A)=\int_A\frac{r^{n-2}|r^2-|x|^2|}{|x-z|^n}U_r(\mathrm{d}z)\quad(x\notin S_r)\tag{18}$$

其中 $A\subset S_r$ 为可测集. 特别地,取 $x=0$,此式化为 §3 式(18).

注 4　我们已看到,(17) 右边所定义的 x 的函数在 $\mathring{B}_r$ 中调和. 将此式再推进一步,就得到 $\mathring{B}_r$ 中一切调和函数的 Poisson 积分表示. 这就是说,$H(x)$ 为非负、在 $\mathring{B}_r$ 中调和的函数的充要条件是:存在 S_r 上的测度 μ,使

$$H(x)=\int_{S_r}\frac{r^{n-2}(r^2-|x|^2)}{|x-z|^n}\mu(\mathrm{d}z)\quad(x\in\mathring{B}_r)\tag{19}$$

其中测度 μ 有穷且被 H 唯一决定(见文献[17]第 4 章 §4). 至于在一般开集中的调和、非负函数,也有积分表示. 为此,需引进所谓 Martin 边界,它起着类似于(19) 中 S_r 的作用.

§6　禁止概率与常返集

(一) 三个重要函数. 设 $B \in \mathscr{B}^n$, $\mathscr{B}$ 的首中时为 h_B, 首中点为 $x(h_B)$. 如 §3 所述,有首次通过公式

$$P_x(x_t \in A) - \int_0^t \int_{\overline{B}} P_x(h_B \in \mathrm{d}s, x(h_B) \in \mathrm{d}z) \cdot P_z(x_{t-s} \in A) = P_x(h_B > t, x_t \in A) \tag{1}$$

作为 A 的测度,左边有密度为

$$p(t,x,y) - \int_0^t \int_{\overline{B}} P_x(h_B \in \mathrm{d}s, x(h_B) \in \mathrm{d}z) \cdot p(t-s,z,y) \equiv q_B(t,x,y) \tag{2}$$

简写左边的二重积分为 $\Phi(y)$. 取 $y_n \to y$, 由 Fatou 引理,得

$$\varliminf_{y_n \to y} \Phi(y_n) \geqslant \Phi(y)$$

故 $\Phi(y)$ 下连续,从而由(2) 定义的 $q_B(t,x,y)$ 对 y 上连续. 既然(1) 的右边非负, $q_B(t,x,y)$ 关于 Lebesgue 测度几乎处处非负,故由上连续性知,它对一切 y 非负. 由(1) 知,作为 A 的测度 $P_x(h_B > t, x_t \in A)$ 有密度,可取它为 $q_B(t,x,y)$. 由于 $P_x(h_B > t, x_t \in A)$ 是自 x 出发,在首中 B(或首出 B^c) 以前,于 t 时到达 A 的概率,因此可称 $q_B(t,x,y)$ 为禁止密度.

今引入三个重要函数,它们分别是三个密度的拉

氏变换.对 $\lambda \geqslant 0$,定义

$$g^{\lambda}(x)=\int_{0}^{\infty} e^{-\lambda t} p(t,x)dt \tag{3}$$

$$g_{B}^{\lambda}(x,y)=\int_{0}^{\infty} e^{-\lambda t} q_{B}(t,x,y)dt \tag{4}$$

$$H_{B}^{\lambda}(x,dz)=\int_{0}^{\infty} e^{-\lambda t} P_{x}(h_{B} \in dt, x(h_{B}) \in dz) \tag{5}$$

如 $\lambda=0$,简记 $g^{0}(x)$ 为 $g(x)$ 等.它们有性质:

1) $$g^{\lambda}(0)=\int_{0}^{\infty} e^{-\lambda t} \frac{1}{(2\pi t)^{\frac{n}{2}}} dt=\infty \quad (n>1)$$

$g^{\lambda}(x)$ 在 $x \neq 0$ 连续,且 $\lim\limits_{x\to\infty} g^{\lambda}(x)=0$;

2) $$g^{\lambda}(y-x) \geqslant g_{B}^{\lambda}(x,y)$$

这是因为 $p(t,y-x) \geqslant q_{B}(t,x,y)$;

3) 测度 $H_{B}^{\lambda}(x,dz)$ 集中在 $\overline{B}$ 上,而且

$$E_{x} e^{-\lambda h_{B}} f(x(h_{B}))=$$

$$\int_{\overline{B}}\int_{0}^{\infty} e^{-\lambda t} f(z) P_{x}(h_{B} \in dt, x(h_{B}) \in dz)=$$

$$\int_{\overline{B}} H_{B}^{\lambda}(x,dz) f(z) \tag{6}$$

4) $$E_{x}\int_{0}^{h_{B}} f(x_{t}) e^{-\lambda t} dt=\int g_{B}^{\lambda}(x,y) f(y) dy \tag{7}$$

实际上,左边等于

$$E_{x}\int_{0}^{\infty} f(x_{t}) e^{-\lambda t} \chi_{(h_{B}>t)} dt=$$

$$\int\int_{0}^{\infty} e^{-\lambda t} P_{x}(h_{B}>t, x_{t} \in dy) f(y) dt=$$

$$\int\int_{0}^{\infty} e^{-\lambda t} q_{B}(t,x,y) f(y) dy dt$$

5) $$g^{\lambda}(x)=g^{\lambda}(-x) \tag{8}$$

6) $$g_{B}^{\lambda}(x,y)=g_{B}^{\lambda}(y,x) \tag{9}$$

这是由于

$$q_B(t,x,y)=q_B(t,y,x) \tag{10}$$

后者的证明见文献[17]第二章定理 4.3 或文献[8]引理 14.1.

7) 若 $x \in B^r$ 或 $y \in B^r$,则

$$g_B^\lambda(x,y)=0 \tag{11}$$

实际上,若 $x \in B^r$,则 $P_x(h_B=0,x(h_B)=x)=1$,故由(2) 得 $q_B(t,x,y)=0$,从而 $g_B^\lambda(x,y)=0(x \in B^r)$. 由对称性(9),即得 $g_B^\lambda(x,y)=0(y \in B^r)$.

今取首次通过公式的拉氏变换形式,以便于应用. 以 $e^{-\lambda t}$ 乘(2) 两边,对 t 积分,得

$$g^\lambda(y-x)=\int_{\bar{B}}\int_0^\infty e^{-\lambda t}\left[\int_0^t P_x(h_B \in ds, x(h_B) \in dz)\cdot p(t-s,y-z)\right]dt+g_B^\lambda(x,y)$$

利用拉氏变换的卷积公式,得

$$g^\lambda(y-x)=\int_{\bar{B}}H_B^\lambda(x,dz)g^\lambda(y-z)+g_B^\lambda(x,y) \tag{12}$$

由首尾两项关于 x,y 的对称性,得

$$\int_{\bar{B}}H_B^\lambda(x,dz)g^\lambda(y-z)=\int_{\bar{B}}H_B^\lambda(y,dz)g^\lambda(x-z) \tag{13}$$

在(12) 中令 $\lambda \to 0$,利用(6) 及单调收敛定理,得势的基本公式为

$$g(y-x)=\int_{\bar{B}}H_B(x,dz)g(y-z)+g_B(x,y) \quad (B \in \mathscr{B}^n, n \geqslant 3) \tag{14}$$

此式有概率意义:自 x 出发,在点 y 附近的平均停留时间,等于首中 B 以前在 y 附近的平均停留时间,加上首中 B 以后在 y 附近的平均停留时间. 后者由(14) 中积

分项给出.

（二）常返集.

定理 1　设 $f(x),x\in R^n$ 为有界可测函数,满足 $f=T_tf$(对某 $t>0$),则 f 恒等于一个常数.

证　先证一个事实:关于任一紧集中的 x,y,均匀地有

$$\lim_{t\to\infty}(T_tf(x)-T_tf(y))=0$$

实际上,有

$$|T_tf(x)-T_tf(y)|=$$

$$\left|\int(p(t,x,z)-p(t,y,z))f(z)\mathrm{d}z\right|\leqslant$$

$$\|f\|\int|p(t,x,z)-p(t,y,z)|\mathrm{d}z=$$

$$\|f\|\int|p(1,z)-p(1,z+\frac{x-y}{\sqrt{t}})|\mathrm{d}z$$

由于 $p(1,z)$ 连续、可积,故当 $t\to\infty$ 时,右边关于紧集中的 x,y 均匀地趋于 0.

由 $T_tf=f$,利用 $\{T_t\}$ 的半群性得 $T_{mt}f=f$ 对一切正整数 m 成立.于是由上述事实,对任意 x,y,有

$$f(x)-f(y)=\lim_{m\to\infty}(T_{mt}f(x)-T_{mt}f(y))=0$$

定理 2　设 $B\in\mathscr{B}^n(n\geqslant 1)$,只有两种可能:

(i) 或者 $P_x(h_B<\infty)\equiv 1$;

(ii) 或者对一切 x,当 $t\to\infty$ 时,有

$$P_x(\theta_t(h_B<\infty))\equiv P_x(x_s\in B\text{ 对某 }s>t)\to 0$$

证　令 $\varphi(x)=P_x(h_B<\infty)$,$T_t\varphi$ 对 t 不增(参看(18)),故

$$\varphi(x)\geqslant T_t\varphi(x)\downarrow r(x)\quad(t\to\infty)\qquad(15)$$

在 $T_tT_s\varphi(x)=T_{t+s}\varphi(x)$ 中,令 $s\to\infty$,由控制收敛定

理及定理 1,得

$$T_t r(x) = r(x) = c \geqslant 0 \quad (c \text{ 为常数}) \tag{16}$$

在

$$P_x(t < h_B < \infty) = \int q_B(t,x,y)\varphi(y)\mathrm{d}y \geqslant cP_x(h_B > t)$$

中,令 $t \to \infty$,得

$$0 = cP_x(h_B = \infty) \tag{17}$$

于是或者 $P_x(h_B = \infty) \equiv 0$,此即(i);或者 $c = 0$,此时在

$$\begin{aligned} T_t\varphi(x) = E_x\varphi(x_t) = E_x P_{x(t)}(h_B < \infty) = \\ P_x(\theta_t(h_B < \infty)) = \\ P_x(x_s \in B, \text{对某 } s > t) \end{aligned} \tag{18}$$

中,令 $t \to \infty$,并利用(15)(16) 即得(ii).

在情况(i) 中,称 B 为常返集,在情况(ii) 称为暂留集(勿与 §4 中过程的常返性等混淆). 由 §4 式(15) 得,当 $n \geqslant 3$ 时,一切球,从而一切有界可测集是暂留集. 由(18) 知(i) 等价于 $P_x(\theta_t(h_B < \infty)) \equiv 1$, $t \geqslant 0$. 又 $T_t\varphi \uparrow \varphi, t \downarrow 0$.

对一、二维 Brown 运动,定理 2 可加强(比较 §4(三)c).

注 1　对 $B \in \mathscr{B}^n (n = 1,2)$,只有两种可能:

(i) 或者 $P_x(h_B < \infty) \equiv 1$;

(ii) 或者 $P_x(h_B < \infty) \equiv 0$.

证　由 §2 定理 1,得 $\int_0^\infty p(s,x,y)\mathrm{d}s = \infty$. 故对任意可测、非负、不几乎处处(关于 L) 为 0 的 $f(x)$,有

$$\int_0^t T_s f(x)\mathrm{d}s = \int \left(\int_0^t p(s,x,y)\mathrm{d}s\right) \cdot f(y)\mathrm{d}y \to \infty \quad (t \to \infty) \tag{19}$$

令 $\varphi(x)=P_x(h_B<\infty)$，由 $T_s\varphi\leqslant\varphi\leqslant 1$，对 $h>0$ 有

$$0\leqslant\int_0^t T_s(\varphi-T_h\varphi)\mathrm{d}s=$$
$$\int_0^t T_s\varphi\,\mathrm{d}s-\int_h^{t+h}T_s\varphi\,\mathrm{d}s\leqslant 2h$$

对照(19)，可见 $\varphi=T_h\varphi(L\text{-a.e.}\ x)$；于是 $T_t\varphi=T_t(T_h\varphi)$. 再令 $t\downarrow 0$，即得 $\varphi=T_h\varphi$ 对一切 x 成立. 从而得知 $\varphi(x)$ 等于(15)中的 $r(x)$；由(16)知，$\varphi\equiv c(\geqslant 0)$ 为常数，并且(17)成立. 当 $c=0$ 时即是情况(ii).

注 1 也可改述为：当 $n=1$ 或 2 时，除极集外，一切非空可测集都是常返集.

然而，当 $n=1$ 时，在 §4(三)中已证明非空极集不存在，故此时只有一种可能(i)，即一切非空可测集皆常返.

至于判断一个集是否常返，也有锥判别法. 直观地想，若 $n\geqslant 3$，则集必须充分大才能常返.

定理 3 设 $B\in\mathscr{B}^n$，$n\geqslant 3$，若存在锥 K 及 $r>0$，使 $\{x\mid x\in K,\ |x|\geqslant r\}\subset B$，则 B 常返.

证 由平移不变性，不妨设 K 的顶点在 O，于是 $K=\{\boldsymbol{x}\mid |\boldsymbol{x}\cdot\boldsymbol{u}|\geqslant\alpha|\boldsymbol{x}|\}$，$\boldsymbol{u}$ 为单位向量，$\alpha>0$. 显然，对任意常数 $c>0$，有 $\sqrt{c}K=K$. 由尺度不变性，得

$$P_0(x(t)\in K)=P_0\left(\frac{x(ct)}{\sqrt{c}}\in K\right)=P_0(x(ct)\in K)$$

故 $P_0(x(t)\in K)=d>0$，d 为常数. 由

$$\lim_{t\to\infty}P_0(|x(t)|\geqslant r)=1$$

得

$$\lim_{t\to\infty}P_0(\theta_t(h_B<\infty))\geqslant\varlimsup_{t\to\infty}P_0(x(t)\in B)\geqslant$$
$$\lim_{t\to\infty}P_0(x(t)\in K,\ |x(t)|\geqslant r)=d>0$$

由定理2知 B 常返.

注2　设 $B \in \mathscr{B}^n, n \geqslant 3, \lambda > 1$，令 $B_m = \{x \mid x \in B, \lambda^m \leqslant |x| < \lambda^{m+1}\}$，则 B 为常返的充要条件是

$$\sum_{m=1}^{\infty} \lambda^{m(2-n)} C(B_m) = \infty$$

$C(B_m)$ 表示 B_m 的容度. 证明见文献[17].

（三）收敛引理. 下面两个引理很有用，特别地，引理2可用来研究无界开集.

引理1　设 B 及 B_m 皆为闭集，又 $\mathring{B}_m$ 表示 B_m 的内点集，有

$$B_1 \supset \mathring{B}_1 \supset B_2 \supset \mathring{B}_2 \supset \cdots \supset B = \bigcap_m B_m = \bigcap_m \mathring{B}_m$$

则对 $x \in B^c \cup B^r$，有

$$P_x(h_{B_m} \uparrow h_B) = 1 \quad (m \to \infty)$$

证　显然 h_{B_m} 不降，$0 \leqslant h_{B_m} \uparrow h \leqslant h_B$. 若 $h = \infty$，则引理成立. 若 $x \in B^r$，则 $P_x(h_B = 0) = 1$，引理也成立. 故只要考虑 $h < \infty, x \in B^c$ 的情形. 由于 B 及 B_m 闭，且轨道连续，有

$$B_n \ni x(h_{B_m}) \to x(h) \in \bigcap_m B_m = B$$

因此若 $h > 0$，则必①有 $h \geqslant h_B$. 但当 $x \in B^c$ 时，$P_x(h > 0) = 1$，故 $P_x(h = h_B) = 1$.

注3　若 $x \notin B^c \cup B^r$，即若 $x \in B \cap (B^r)^c$，则 $P_x(h_{B_m} = 0) = 1, P_x(h_B > 0) = 1$，故 $P_x(h_{B_m} \uparrow h_B) = 0$，而引理1结论不成立.

---

① 但如 $h = 0$，由 $x(h) \in B$ 未必有 $h \geqslant h_B = \inf(t > 0, x_t \in B)$，注意此中 $t > 0$，而非 $t \geqslant 0$. 例如，设 $x_0 = x$ 对 B 非规则，$x \in B$，则 $P_x(h = 0) = 1$，但 $P_x(h_B > 0) = 1$.

引理 2 设 G 为非空开集,则存在一列上升开集 G_m,其紧闭包含于 G,使:

1. $G_1 \subset \overline{G}_1 \subset G_2 \subset \overline{G}_2 \subset \cdots, \bigcup_m G_m = G$;

2. ∂G_m 的每一点对 G_m^c 规则;

3. $P_x(h_{\partial G_m} \uparrow h_{\partial G}) = 1, x \in G$.

证 取一列紧集 K_m,使 $K_1 \subset K_2 \subset \cdots, \bigcup_m K_m = G$. 用有限多个开球遮盖 K_1,并使这些开球之和 D 满足 $\overline{D} \subset G$. 有必要时改变某些球的半径,用锥判别法(§5 定理 2)知,∂D 的每一点对 D^c 规则. 取 $G_1 = D$,于是有 $\overline{G}_1 \subset G$,而且 ∂G_1 的点对 G_1^c 规则. 同样方法施之于 $\overline{G}_1 \cup K_2$,可得 $G_2, \cdots$. $\{G_m\}$ 满足 1 与 2,故

$$G_1^c \supset (G_1^c)^0 \supset G_2^c \supset \cdots, \bigcap_m G_m^c = G^c$$

由引理 1,得 $P_x(h_{G_m^c} \uparrow h_{G^c}) = 1 (x \in G)$. 但 $P_x(h_{\partial G} = h_{G^c}) = 1 (x \in G)$, $P_x(h_{\partial G_m} = h_{G_m^c}) = 1 (x \in G_m)$,故由上式得 $P_x(h_{\partial G_m} \uparrow h_{\partial G}) = 1 (x \in G)$.

§7 测度的势与投影问题

(一) 唯一性. $n \geqslant 3$ 维 Brown 运动的势核 $g(x,y) = g(y-x)$ 取为

$$g(y-x) = c_n \mid x - y \mid^{2-n}, c_n = \frac{\Gamma\left(\frac{n}{2} - 1\right)}{2\pi^{\frac{n}{2}}} \tag{1}$$

对 $\mathscr{B}^n$ 可测函数 f,若下列积分存在,则定义 f 的 Newton 势 Gf 为

$$Gf(x) = \int g(y-x) f(y) \mathrm{d}y \tag{2}$$

对 $\mathscr{B}^n$ 上的测度 μ，定义 μ 的 Newton 势 $G\mu$ 为

$$G\mu(x)=\int g(y-x)\mu(\mathrm{d}y) \tag{3}$$

其中 $\int=\int_{R^n}$. 若 $f\geqslant 0$，则可视 (2) 为(3) 的特殊情形，故主要考虑(3)，它把测度 μ 变为函数 $G\mu(x)$.

由 §1 引理 3，如 $\mu(R^n)<\infty$，则 $G\mu(x)<\infty(L\text{-a. e.})$.

引理 1　若 $G\mu(x)<\infty$，则

$$G\mu(x)-T_tG\mu(x)=\int_0^t T_s\mu(x)\mathrm{d}s \tag{4}$$

证

$$\begin{aligned}T_tG\mu(x)=&\iint g(y-z)\mu(\mathrm{d}y)p(t,z-x)\mathrm{d}z=\\&\iiint_0^\infty p(s,y-z)\mathrm{d}s\mu(\mathrm{d}y)p(t,z-x)\mathrm{d}z=\\&\iint_0^\infty p(s+t,y-x)\mathrm{d}s\mu(\mathrm{d}y)=\\&\iint_t^\infty p(s,y-x)\mathrm{d}s\mu(\mathrm{d}y)\end{aligned}$$

$$\int_0^t T_s\mu(x)\mathrm{d}s=\int_0^t\int p(s,y-x)\mu(\mathrm{d}y)\mathrm{d}s$$

所以

$$\begin{aligned}T_tG\mu(x)+\int_0^t T_s\mu(x)\mathrm{d}s=&\iint_0^\infty p(s,y-x)\mathrm{d}s\mu(\mathrm{d}y)=\\&\int g(y-x)\mu(\mathrm{d}y)=G\mu(x)\end{aligned}$$

定理 1　设 μ 为有限测度，则 $G\mu$ 唯一决定 μ.

证　1° 设有两测度 μ 与 ν 使

$$G\mu=G\nu<\infty \quad (L\text{-a. e.})$$

若在点 x 上此式成立，则由引理 1，得

$$\int_0^t T_s\mu(x)\mathrm{d}s=\int_0^t T_s\nu(x)\mathrm{d}s \tag{5}$$

2° 取任意非负、连续于 R^n 且有紧支集的函数 f，利用 $p(s,x,y)$ 对 x,y 的对称性，有

$$\int\left(\frac{1}{t}\int_0^t T_s f\mathrm{d}s\right)\mathrm{d}\mu=$$

$$\int\left(\frac{1}{t}\int_0^t\int p(s,x,y)f(y)\mathrm{d}y\mathrm{d}s\right)\mu(\mathrm{d}x)=$$

$$\int\frac{1}{t}\int_0^t T_s\mu(y)\mathrm{d}sf(y)\mathrm{d}y=$$

$$\int\frac{1}{t}\int_0^t T_s\nu(y)\mathrm{d}sf(y)\mathrm{d}y=$$

$$\int\left(\frac{1}{t}\int_0^t T_s f\mathrm{d}s\right)\mathrm{d}\nu$$

由 §2 引理 3 知，对 $x\in R^n$ 均匀地有 $T_s f\to f(s\to 0)$，利用 $\varepsilon-\delta$ 方法及测度有限，易见 $\int f\mathrm{d}\mu=\int f\mathrm{d}\nu$. 由 f 的任意性，知 $\mu=\nu$.

（二）极大值原理.

定理 2 设 μ 为有限测度，其支集为 B，又 $N\subset B$，$\mu(N)=0$. 若 $G\mu(x)\leqslant M<\infty$，一切 $x\in N^c\cap B$，则

$$\sup_{x\in R^n}G\mu(x)\leqslant M \tag{6}$$

证 1° 由 §6 式(14)，得

$$g(y-x)=\int_{\bar{B}}H_B(x,\mathrm{d}z)g(y-z)+g_B(x,y) \tag{7}$$

对任意 $\varepsilon>0$，令 $A=\{x\mid G\mu(x)<M+\varepsilon\}$. 以 A 代替 (7) 中的 B，两边对 $\mu(\mathrm{d}y)$ 积分，因 μ 有支集 B，故得

$$G\mu(x)=\int_{\bar{A}}H_A(x,\mathrm{d}z)G\mu(z)+\int_B g_A(x,y)\mu(\mathrm{d}y)=$$

$$\int_{\bar{A}}H_A(x,\mathrm{d}z)G\mu(z)+\int_{B\cap N^c}g_A(x,y)\mu(\mathrm{d}y) \tag{8}$$

2° 下证 $g_A(x,y)=0$，一切 $y\in B\cap N^c$，从而最后一个积分为0. 由于 $B\cap N^c\subset A$，由 §6 中7) 知，只要证 A 中的点皆对 A 规则，从而 $g_A(x,y)=0(y\in A)$. 用反证法，设 $a\in A, a\notin A^r$，则

$$\lim_{t\to 0}P_a(x_t\in A)\leqslant\lim_{t\to 0}P_a(h_A\leqslant t)= P_a(h_A=0)=0 \tag{9}$$

由引理1，得

$$G\mu(a)\geqslant T_tG\mu(a)\geqslant\int_{A^c}p(t,y-a)G\mu(y)\mathrm{d}y\geqslant (M+\varepsilon)P_a(x_t\notin A)$$

令 $t\to 0$，由(9) 得 $G\mu(a)\geqslant M+\varepsilon$，此与 $a\in A$ 矛盾.

3° 于是由(8) 及 2°，得

$$G\mu(x)=\int_{\overline{A}}H_A(x,\mathrm{d}z)G\mu(z)\quad(x\in R^n) \tag{10}$$

若能证在 $\overline{A}$ 上，有 $G\mu(z)\leqslant M+\varepsilon$，则由上式立即得(6). 下面会证明 $G\mu(x)$ 下连续，故 $\{x\mid G\mu(x)\leqslant M+\varepsilon\}$ 闭. 既然它包含 A，故也包含 $\overline{A}$.

4° 今证 $G\mu(x)$ 下连续. 由 Fatou 引理，得

$$\varliminf_{x\to a}G\mu(x)=\varliminf_{x\to a}\iint_0^\infty p(t,x,y)\mathrm{d}t\mu(\mathrm{d}y)\geqslant \iint_0^\infty\varliminf_{x\to a}p(t,x,y)\mathrm{d}t\mu(\mathrm{d}y)= \iint_0^\infty p(t,a,y)\mathrm{d}t\mu(\mathrm{d}y)=G\mu(a)$$

注1　极大值原理可以如下直观解释. 由于 μ 的支集为 B，故

$$G\mu(x)=\int_B g(y-x)\mu(\mathrm{d}y)\quad(x\in R^n) \tag{11}$$

$G\mu(x)$ 可视为自 x 出发，在 B 中关于 μ 加权平均的停留时间. 今如自 $x\in B^c$ 出发，此时间自应从进入 B 时

开始算起. 设由点 $b \in B$ 进入 B，则

$$G\mu(x) \approx G\mu(b)$$

回忆 $g^{\lambda}(x)$ 的定义（§6 式(3)），令

$$G^{\lambda}\mu(x) = \int g^{\lambda}(y-x)\mu(\mathrm{d}y) \tag{12}$$

定理 2′　设 μ 为有限测度，其支集为 B. 则

$$G^{\lambda}\mu(x) \leqslant \sup_{y\in B} G^{\lambda}\mu(y) \quad (x \in R^n) \tag{13}$$

证明与定理 2 的证明类似，只要以 $\mathrm{e}^{-\lambda t}T_t$ 代替那里的 T_t.

（三）投影问题（简称 B－问题）. 以 $\mathscr{M}$ 表示所有使势 $G\mu(x)$ 为局部可积的有限测度 μ 的集. 所谓 B－问题是：设已给集 $B \in \mathscr{B}^n$ 及 $\mu \in \mathscr{M}$. 试求 $\mu' \in \mathscr{M}$，其支集含于 B^r，并且使

$$G\mu'(x) = G\mu(x) \quad (x \in B^r) \tag{14}$$

$$G\mu'(x) \leqslant G\mu(x) \quad (x \in R^n, n \geqslant 3) \tag{15}$$

下面试解决此问题. 以 $H_B(x,A) = P_x(x(h_B) \in A)$ 表示 B 的首中点分布，定义测度 μ' 为

$$\mu'(A) = \mu H_B(A) = \int H_B(x,A)\mu(\mathrm{d}x) \tag{16}$$

定理 3　设 B 为紧集，则 μ' 是 B－问题的唯一解.

证　$H_B(x,\cdot)$ 集中在 $\overline{B} = B$ 上，但 $B \cap (B^r)^c$ 为极集（见 §11 定理 3），故 $H_B(x,\cdot)$，因而 μ' 集中在 B^r 上. 在 §6 式(13) 中令 $\lambda \downarrow 0$，得

$$\int_{B^r} H_B(x,\mathrm{d}z)g(y-z) = \int_{B^r} H_B(y,\mathrm{d}z)g(x-z) \tag{17}$$

又

$$G\mu'(x) = G\mu H_B(x) =$$
$$\int_{B^r} g(x-z)\mu H_B(\mathrm{d}z) =$$

$$\int_{B^r} g(x-z)\int H_B(y,\mathrm{d}z)\mu(\mathrm{d}y)=$$

$$\int\left[\int_{B^r} g(x-z)H_B(y,\mathrm{d}z)\right]\mu(\mathrm{d}y)\overset{(17)}{=}$$

$$\int\left[\int_{B^r} g(y-z)H_B(x,\mathrm{d}z)\right]\mu(\mathrm{d}x)=$$

$$\int_{B^r} H_B(x,\mathrm{d}z)G\mu(z)=$$

$$H_BG\mu(x)\leqslant G\mu(x) \tag{18}$$

最后不等式是由 §6 式(14)得到. 由(18)知 $\mu'\in\mathscr{M}$ 而且满足(15). 如 $x\in B^r$，而 $H_B(x,\cdot)$ 集中在点 $\{x\}$ 上，故由(18)的中间推演，有

$$G\mu H_B(x)=\int_{B^r} H_B(x,\mathrm{d}z)G\mu(z)=G\mu(x)$$

由此得证(14). 最后证解的唯一性. 设 ν 也是解，则 ν 的支集含于 B^r. 由 §6 式(14)，并注意 $g_B(x,y)=0$，$y\in B^r$(参看 §6 中 7))，得

$$G\nu(x)=\int_{B^r}\int_{B^r} H_B(x,\mathrm{d}z)g(y-z)\nu(\mathrm{d}y)=$$

$$\int_{B^r} H_B(x,\mathrm{d}z)G\nu(z)\overset{(14)}{=}$$

$$\int_{B^r} H_B(x,\mathrm{d}z)G\mu(z)=$$

$$H_BG\mu(x)\overset{(18)}{=}G\mu H_B(x)\quad(x\in R^n)$$

由唯一性，即得 $\nu=\mu H_B$.

近年来提出了反 B — 问题：设 B 为紧集，已给 ∂B 上的概率测度 ν，试求概率测度 μ，使

$$\mu H_{B^c}=\nu \tag{19}$$

其中 $\mu H_{B^c}(\cdot)=P_\mu(x(e_B)\in\cdot)$，$e_B\equiv h_{B^c}$ 为首出 B(或首中 B^c)的时间. 满足(19)的一切测度记为 $M(\nu)$. 在

文献[14]中证明了，$\mu \in M(\nu)$ 等价于下列三条件中的任何一个：

1° $G\mu \geqslant G\nu$，且 $G\mu(x)=G\nu(x)$，$x \in B^c$；

2° $\int h\mathrm{d}\mu=\int h\mathrm{d}\nu$ 对一切调和于 $\mathring{B}$ 且连续于 B 的函数 h 成立；

3° $\int f\mathrm{d}\mu \geqslant \int f\mathrm{d}\nu$ 对一切上调和于 $\mathring{B}$（定义见 §13）且连续于 B 的函数 f 成立.

§8　平衡测度

（一）定义. 设 F_m 与 F 为 $\mathscr{B}^n$ 上的测度，若

$$\sup_{A \in \mathscr{B}^n} |F_m(A)-F(A)| \to 0 \quad (m \to \infty)$$

则说 F_m 强收敛于 F. 因而强收敛关于 A 是均匀的.

设 $n \geqslant 3$，B 为相对紧集. 取 $r>0$ 充分大，使 $B \subset \mathring{B}_r$. 又 S_r 为球面 $\{x \mid |x|=r\}$. 对球外的点 x，$|x|>r$，由强马氏性有

$$H_B(x,A)=\int_{S_r} H_{S_r}(x,\mathrm{d}\xi)H_B(\xi,A) \tag{1}$$

其中 $H_D(x,\cdot)$ 为自 x 出发，集 D 的首中点分布. 由(1)得

$$\frac{H_B(x,A)}{g(x)}=\int_{S_r} \frac{H_{S_r}(x,\mathrm{d}\xi)}{g(x)}H_B(\xi,A) \tag{2}$$

引理 1　在强收敛下，有

$$\lim_{|x|\to\infty} \frac{H_{S_r}(x,\mathrm{d}\xi)}{g(x)}=\frac{r^{n-2}}{c_n}U_r(\mathrm{d}\xi) \tag{3}$$

其中 U_r 为 S_r 上的均匀分布，常数 c_n 由 §2 式(9)定

义.

证　由 §5 式(18),得

$$\lim_{|x|\to\infty}\sup_{A}\left|\int_A \frac{H_{S_r}(x,\mathrm{d}\xi)}{g(x)}-\int_A \frac{r^{n-2}}{c_n}U_r(\mathrm{d}\xi)\right|\leqslant$$

$$\lim_{|x|\to\infty}\sup_{A}\int_A \frac{r^{n-2}}{c_n}\left|\frac{||x|^2-r^2||x|^{n-2}}{|\xi-x|^n}-1\right|U_r(\mathrm{d}\xi)\leqslant$$

$$\lim_{|x|\to\infty}\int_{S_r} \frac{r^{n-2}}{c_n}\left|\frac{||x|^2-r^2||x|^{n-2}}{|\xi-x|^n}-1\right|U_r(\mathrm{d}\xi)=0$$

这里可在积分号下取极限,因为当 $|x|\to\infty$ 时被积函数有界.

由(1)及引理 1,对任意 $A\in\mathscr{B}^n$,有

$$\lim_{|x|\to\infty}\frac{H_B(x,A)}{g(x)}=\int_{S_r}\frac{r^{n-2}}{c_n}U_r(\mathrm{d}\xi)H_B(\xi,A)\qquad(4)$$

这样便证明了如下定理.

定理 1　设 B 为相对紧集,则测度

$$\mu_B(\mathrm{d}y)=\lim_{|x|\to\infty}\frac{H_B(x,\mathrm{d}y)}{g(x)}\qquad(5)$$

在强收敛下存在,而且对任一球面 S_r,$\mathring{B}\supset\overline{B}$,有

$$\mu_B(\mathrm{d}y)=\int_{S_r}\frac{r^{n-2}}{c_n}U_r(\mathrm{d}\xi)H_B(\xi,\mathrm{d}y)\qquad(6)$$

称 μ_B 为 B 的平衡测度.由(6)及轨道的连续性,知 μ_B 集中在 B 的外边界上.此外,μ_B 在任何极集 N 上无质量,此因

$$H_B(x,N)\leqslant P_x(h_N<\infty)\equiv 0$$

故 $\mu_B(N)=0$.

称 μ_B 的全质量 $\mu_B(\overline{B})$ 为 B 的容度,记为 $C(B)$.

平衡测度有下列概率意义.由(5)得

$$\mu_B(A)=\lim_{|x|\to\infty}\frac{P_x(x(h_B)\in A,h_B<\infty)}{g(x)}$$

$$C(B)=\mu_B(\overline{B})=\lim_{|x|\to\infty}\frac{P_x(h_B<\infty)}{g(x)}$$

故对 $A\in\mathscr{B}^n$ 有

$$\lim_{|x|\to\infty}P_x(x(h_B)\in A\mid h_B<\infty)=\frac{\mu_B(A)}{C(B)}\tag{7}$$

因此,规范化后的平衡测度,可理解为自无穷远出发,B 的首中点的条件分布.

平衡测度 μ_B 的势 $G\mu_B$ 称为平衡势.

(二) 平衡势的概率意义.

定理 2　设 B 为相对紧集,则

$$G\mu_B(x)=P_x(h_B<\infty)\quad(x\in R^n)\tag{8}$$

注 1　若 $x\in B^r$,则上式右边、因而左边等于1,可见 $G\mu_B$ 相当于物理学中的平衡势(参看 §1(二)). 这也许就是为何称 μ_B 为 B 的平衡测度的原因.

定理 2 **之证**　1° 由 §6 式(14) 得

$$\frac{g(y-x)}{g(y)}=\int_{\overline{B}}\frac{H_B(x,\mathrm{d}z)g(y-z)}{g(y)}+\frac{g_B(x,y)}{g(y)}\tag{9}$$

当 $|y|\to\infty$ 时,$\dfrac{g(y-x)}{g(y)}$ 在紧集上均匀趋于1,故

$$1=P_x(h_B<\infty)+\lim_{|y|\to\infty}\frac{g_B(x,y)}{g(y)}$$

即在紧集上均匀地有

$$\lim_{|y|\to\infty}\frac{g_B(x,y)}{g(y)}=P_x(h_B=\infty)\tag{10}$$

利用对称性可得

$$\lim_{|x|\to\infty}\frac{g_B(x,y)}{g(x)}=P_y(h_B=\infty)\tag{11}$$

设 f 为任意非负有界可测函数,有紧支集 C,则由 §1 引理 2,得

$$Gf(z) \equiv \int_C g(y-z)f(y)\mathrm{d}y$$

是有界函数. 由(11),得

$$\lim_{|x|\to\infty}\int \frac{g_B(x,y)}{g(x)}f(y)\mathrm{d}y = \int P_y(h_B=\infty)f(y)\mathrm{d}y \tag{12}$$

2° 由(5)得

$$\begin{aligned}
&\int_{\overline{B}}\mu_B(\mathrm{d}z)Gf(z) = \\
&\lim_{|x|\to\infty}\int_{\overline{B}}\frac{H_B(x,\mathrm{d}z)Gf(z)}{g(x)} = \\
&\lim_{|x|\to\infty}\iint_{\overline{B}}\frac{H_B(x,\mathrm{d}z)g(y-z)f(y)\mathrm{d}y}{g(x)} \overset{(9)}{=} \\
&\lim_{|x|\to\infty}\left\{\int\left[\frac{g(y-x)}{g(x)}-\frac{g_B(x,y)}{g(x)}\right]f(y)\mathrm{d}y\right\} \overset{(12)}{=} \\
&\int[1-P_y(h_B=\infty)]f(y)\mathrm{d}y = \\
&\int P_y(h_B<\infty)f(y)\mathrm{d}y
\end{aligned} \tag{13}$$

但另一方面,有

$$\int_{\overline{B}}\mu_B(\mathrm{d}z)Gf(z) = \int\left[\int_{\overline{B}}g(y-z)\mu_B(\mathrm{d}z)\right]f(y)\mathrm{d}y = \int G\mu_B(y)f(y)\mathrm{d}y$$

综合这两方面,有

$$\int G\mu_B(y)f(y)\mathrm{d}y = \int P_y(h_B<\infty)f(y)\mathrm{d}y$$

由 f 的任意性,得

$$G\mu_B(y) = P_y(h_B<\infty) \quad (L\text{-a. e.}) \tag{14}$$

3° 下证(14)对一切 $y\in R^n$ 成立. 将(14)两边乘以 $p(t,x,y)$ 后对 $y\in R^n$ 积分,得

$$T_t G\mu_B(x) = T_t P_x(h_B < \infty)$$

由 §7 引理 1,左边等于

$$G\mu_B(x) - \int_0^t T_s \mu_B(x) \mathrm{d}s \uparrow G\mu_B(x) \quad (t \downarrow 0, \text{一切 } x)$$

右边为

$$T_t P_x(h_B < \infty) =$$
$$T_t P_x(\text{对某 } s > 0, x_s \in B) =$$
$$P_x(\text{对某 } s > t, x_s \in B) \uparrow P_x(h_B < \infty)$$
$$(t \downarrow 0, \text{一切 } x)$$

因此

$$G\mu_B(x) = P_x(h_B < \infty) \quad (x \in R^n)$$

注 2 相对紧集 B 为极集的充要条件是 $C(B) = 0$.

证 如容度 $C(B) = \mu_B(\overline{B}) = 0$,由(8)知 $P_x(h_B < \infty) \equiv 0$,故 B 为极集. 反之,若 B 为极集,由(8)得,$G\mu_B(x) \equiv 0$. 根据 §7 唯一性定理知,$C(B) = 0$.

例 1 考虑球面 S_r,由(5)(3)得,S_r 的平衡测度为

$$\mu_{S_r}(\mathrm{d}y) = \frac{r^{n-2}}{c_n} U_r(\mathrm{d}y) = \frac{2\pi^{\frac{n}{2}} r^{n-2} U_r(\mathrm{d}y)}{\Gamma\left(\frac{n}{2} - 1\right)}$$

$$C(S_r) = \frac{2\pi^{\frac{n}{2}} r^{n-2}}{\Gamma\left(\frac{n}{2} - 1\right)} = \frac{n-2}{2r} \mid S_r \mid$$
$$(n \geqslant 3)$$

故 $C(S_r)$ 比面积 $\mid S_r \mid$ 低一维. 又由(8)及 §4 式(15),得

$$G\mu_{S_r}(x) = P_x(h_{S_r} < \infty) = \begin{cases} 1, \text{如 } \mid x \mid \leqslant r \\ \left(\frac{r}{\mid x \mid}\right)^{n-2}, \text{如 } \mid x \mid > r \end{cases}$$

$$\lim_{|x|\to\infty} P_x(x(h_{S_r}) \in A \mid h_{S_r} < \infty) = U_r(A) \quad (参看(7))$$

例 2　考虑球 B_r 及球层 $B_{a,r}=\{x \mid a \leqslant |x| \leqslant r\}$. 由于它们的外边界为 S_r,或者由于

$$P_x(h_{B_r} < \infty) = P_x(h_{B_{a,r}} < \infty) = P_x(h_{S_r} < \infty)$$

由(5)知 $B_r, B_{a,r}$ 与 S_r 有相同的平衡测度、容度及平衡势.

(三) 平衡测度的另一刻画. 对 $B \in \mathscr{B}^n$,以 $\mathscr{M}(B)$ 表示如下测度之集

$$\mathscr{M}(B) = \{\mu \mid 有穷、非 0、有紧支集含于 B, G\mu \leqslant 1\} \tag{15}$$

定理 3　设 B 为紧集,则

$$P_x(h_B < \infty) = \sup_{\mu \in \mathscr{M}(B)} G\mu(x) \tag{16}$$

证　1° 取一列紧集 $\{B_m\}$,使

$$B \subset \mathring{B}_m, B_1 \supset \mathring{B}_1 \supset B_2 \supset \mathring{B}_2 \supset \cdots$$

$$\bigcap_m B_m = \bigcap_m \mathring{B}_m = B$$

由 §6 引理 1,对 $x \in B^c \cup B^r$,有 $P_x(h_{B_m} \uparrow h_B)=1$. 试证

$$P_x(h_{B_m} < \infty) \downarrow P_x(h_B < \infty) \quad (L\text{-a. e.}) \tag{17}$$

实际上,取 f 为有紧支集的连续函数,对 $x \in B^c \cup B^r$,有

$$\lim_{m\to\infty} H_{B_m} f(x) =$$

$$\lim_{m\to\infty} \int_{\overline{B}_m} H_{B_m}(x, \mathrm{d}y) f(y) =$$

$$\lim_{m\to\infty} E_x f(x(h_{B_m})) =$$

$$\lim_{m\to\infty} E_x[f(x(h_{B_m})), h_{B_m} < \infty, h_B < \infty] +$$

$$\lim_{m\to\infty} E_x[f(x(h_{B_m})), h_{B_m} < \infty, h_B = \infty]$$

由于轨道及 f 的连续性,右边第一极限等于

$$\lim_{m\to\infty} E_x[f(x(h_{B_m})), h_B < \infty] =$$
$$E_x[f(x(h_B)), h_B < \infty] = H_B f(x)$$

因为 $f(\infty) \equiv \lim_{|x|\to\infty} f(x) = 0$,故第二极限等于

$$E_x[f(x(h_B)), h_B = \infty] = 0$$

故得

$$\lim_{m\to\infty} H_{B_m} f(x) = H_B f(x) \tag{18}$$

特别地,取 f 连续,有紧支集,在 B_1 上等于 1,即得(17)对一切 $x \in B^c \cup B^r$ 成立. 再由 §3 定理 4 知,(17) 对 L-a. e. x 成立.

2° 取 $\mu \in \mathscr{M}(B)$. 由 §6 式(14),得

$$G\mu(x) = \int_{B_m} H_{B_m}(x, \mathrm{d}z) G\mu(z) + \int g_{B_m}(x, y)\mu(\mathrm{d}y) \tag{19}$$

后一积分

$$\int g_{B_m}(x, y)\mu(\mathrm{d}y) = \left(\int_B + \int_{B^c}\right) g_{B_m}(x, y)\mu(\mathrm{d}y) \tag{20}$$

因 $B \subset \mathring{B}_m$,B 中的点对 B_m 规则,故 $g_{B_m}(x, y) = 0$($y \in B$). 又因 μ 的支集为 B,故(20) 右边的两积分皆为 0. 由(19) 得

$$G\mu(x) = \int_{B_m} H_{B_m}(x, \mathrm{d}z) G\mu(z) \leqslant \int_{B_m} H_{B_m}(x, \mathrm{d}z) =$$
$$H_{B_m}(x, B_m) = P_x(h_{B_m} < \infty)$$

由此及(17),可得

$$G\mu(x) \leqslant P_x(h_B < \infty) \quad (L\text{-a. e. } x) \tag{21}$$
$$T_t G\mu(x) \leqslant T_t P_x(h_B < \infty)$$

令 $t \downarrow 0$,即知(21) 对一切 $x \in R^n$ 成立. 由此及定理 2 即得证(16).

注 3　在势论中已知(见文献[25]):若 B 是紧集,则存在唯一测度 γ_B,其支集为 B,而且

$$G\gamma_B = \sup_{\mu\in\mathscr{M}(B)} G\mu \tag{22}$$

通常称 γ_B 为容量测度.由定理2和定理3,立即得

$$G\mu_B = G\gamma_B \tag{23}$$

再由 §7 中的唯一性定理,有 $\mu_B=\gamma_B$.因此,对紧集 B,平衡测度即是容量测度.

注 4　设 B 紧,则对任意 $\mu\in\mathscr{M}(B)$,有

$$\mu(R^n)\leqslant C(B) \tag{24}$$

证　由(16)(8)得

$$\int_{\overline{B}}\frac{g(y-x)}{g(x)}\mu(\mathrm{d}y)\leqslant\int_{\overline{B}}\frac{g(y-x)}{g(x)}\mu_B(\mathrm{d}y)$$

由于在紧集上,均匀地有 $\lim\limits_{|x|\to\infty}\dfrac{g(y-x)}{g(x)}=1$,故在上式中令 $|x|\to\infty$,即得

$$\mu(R^n)=\mu(\overline{B})\leqslant\mu_B(\overline{B})=C(B)$$

注 5　对开集 B,式(16)也成立.

证　取一列紧集$\{K_m\}$,使

$$K_m\subset B, K_1\subset K_2\subset\cdots,\ \bigcup_m K_m=B$$

由于 $x_t\in B$ 等价于对一切充分大的 m,$x_t\in K_m$,故

$$P_x(h_{K_m}\downarrow h_B)=1\quad(x\in R^n) \tag{25}$$

$$\chi(h_{K_m}<\infty)\uparrow\chi(h_B<\infty)\quad(P_x\text{-a.e.})$$

χ_A 表示A 的示性函数.将此式两边对 $P_x(\mathrm{d}w)$ 积分,由单调收敛定理得

$$P_x(h_{K_m}<\infty)\uparrow P_x(h_B<\infty) \tag{26}$$

由定理2,得 $G\mu_{K_m}(x)\uparrow P_x(h_B<\infty)$.既然 $\mu_{K_m}\in\mathscr{M}(B)$,那么

$$P_x(h_B<\infty)\leqslant\sup_{\mu\in\mathscr{M}(B)} G\mu(x) \tag{27}$$

另一方面,如 $\mu \in \mathscr{M}(B)$,μ 有紧支集 K,由(16)(用于 $\mu(K)$)及(8)得

$$G\mu(x) \leqslant G\mu_K(x) = P_x(h_K < \infty) \leqslant P_x(h_B < \infty) \tag{28}$$

由(27)(28)即得(16)对开集 B 成立.

§9 容　　度

(一)性质.在§8中,已对相对紧集 B 定义了容度 $C(B) = \mu_B(\overline{B})$,故 $C(B)$ 是全体相对紧集类上的集合函数.由§8式(5)(6),得

$$C(B) = \lim_{|x| \to \infty} \frac{P_x(h_B < \infty)}{g(x)} = \int_{S_r} DP_\xi(h_B < \infty) U_r(\mathrm{d}\xi) \tag{1}$$

其中 $D > 0$ 为某常数,S_r 为 $\mathring{B}_r \supset B$ 的球面.此式把 $C(B)$ 与 $P_x(h_B < \infty)$ 联系起来,故可通过 $P_x(h_B < \infty)$ 来研究 $C(B)$.

首先注意,若 $N \subset M$,则 $h_N \geqslant h_M$,又

$$h_{A \cap B} \geqslant h_A \vee h_B, h_{A \cup B} = h_A \wedge h_B \tag{2}$$

简记$(h_A < \infty)$为 H_A.

(i)若 $A \subset B$,则 $C(A) \leqslant C(B)$.此因 $P_x(H_A) \leqslant P_x(H_B)$;

(ii)$C(A \cup B) \leqslant C(A) + C(B) - C(A \cap B)$.

实际上,利用(2)及 $H_A \cup H_B = H_{A \cup B}$,得

$$P_x(H_{A \cap B}) \leqslant P_x(H_A H_B) = P_x(H_A) + P_x(H_B) - P_x(H_{A \cup B})$$

(iii) 设点 $a \in R^n$，令 $A+a=\{x+a \mid x \in A\}$，则

$$C(A+a)=C(A)$$

此因 $P_x(H_A)=P_{x+a}(H_{A+a})$，又 $g(x)=c_n \mid x \mid^{2-n}$，故

$$C(A+a)=\lim_{|x+a|\to\infty} \frac{P_{x+a}(H_{A+a})}{g(x+a)}=$$

$$\lim_{|x|\to\infty} \frac{P_x(H_A)}{g(x)}=C(A)$$

(iv) $C(-A)=C(A)$.

此因 $P_x(H_A)=P_{-x}(H_{-A})$，由 $g(x)=g(-x)$，得

$$C(A)=\lim_{|x|\to\infty} \frac{P_x(H_A)}{g(x)}=$$

$$\lim_{|-x|\to\infty} \frac{P_{-x}(H_{-A})}{g(-x)}=C(-A)$$

(v) 设 $a>0$ 为常数，则

$$C(aA)=a^{n-2}C(A)$$

实际上，由尺度不变性，对 $a>0$ 有

$$P_x\left(\frac{x(a^2t)}{a} \in B\right)=P_{\frac{x}{a}}(x(t) \in B)$$

或

$$P_{ax}\left(\frac{x(a^2t)}{a} \in B\right)=P_x(x(t) \in B)$$

故

$$P_{ax}(H_{aB})=P_{ax}\left(\text{存在 } s>0, \frac{x(s)}{a} \in B\right)=$$

$$P_{ax}\left(\text{存在 } t>0, \frac{x(a^2t)}{a} \in B\right)=$$

$$P_x(\text{存在 } t>0, x(t) \in B)=P_x(H_B)$$

于是

$$C(aA)=\lim_{|x|\to\infty} \frac{P_x(H_{aA})}{g(x)}=\lim_{|ax|\to\infty} \frac{P_{ax}(H_{aA})}{g(ax)}=$$

$$\lim_{|x|\to\infty}\frac{a^{n-2}P_{ax}(H_{aA})}{g(x)}=a^{n-2}\lim_{|x|\to\infty}\frac{P_x(H_A)}{g(x)}=a^{n-2}C(A)$$

(vi) 若 B 为相对紧开集,则

$$C(B)=\sup\{C(K)\mid K\subset B,K\text{ 紧}\}\tag{3}$$

实际上,令 $K_m\subset B,K_m$ 紧,$K_1\subset K_2\subset\cdots,\bigcup_m K_m=B$. 则由 §8 式(26),得

$$P_x(H_{K_m})\uparrow P_x(H_B)$$

由此即可推知 $C(K_m)\uparrow C(B)$,从而(3) 成立. 为证此,令 D 为相对紧开集,$D\supset\overline{B}$. 显然 $P_x(H_D)=1,x\in K_m$. 由于 μ_{K_m} 的支集含于 K_m,故

$$\begin{aligned}C(K_m)=&\int_{K_m}P_x(H_D)\mu_{K_m}(\mathrm{d}x)=\\&\int_{K_m}G\mu_D(x)\mu_{K_m}(\mathrm{d}x)=\\&\int_{K_m}\int_{\overline{D}}g(y-x)\mu_D(\mathrm{d}y)\mu_{K_m}(\mathrm{d}x)=\\&\int_{\overline{D}}G\mu_{K_m}(y)\mu_D(\mathrm{d}y)=\\&\int_{\overline{D}}P_y(H_{K_m})\mu_D(\mathrm{d}y)\uparrow\\&\int_{\overline{D}}P_y(H_B)\mu_D(\mathrm{d}y)=C(B)\end{aligned}$$

(vii) 若 B 紧,则

$$C(B)=\inf\{C(U)\mid U\supset B,U\text{ 开},\overline{U}\text{ 紧}\}\tag{4}$$

实际上,取 U_m 为相对紧开集,则

$$U_1\supset\overline{U}_2\supset U_2\supset\cdots,\bigcap_m U_m=\bigcap_m\overline{U}_m=B$$

取 r 充分大,使 $\mathring{B}_r\supset\overline{U}_1$,则对 $\xi\in S_r$,有

$$P_\xi(H_{U_m})\downarrow P_\xi(H_B)$$

(参看 §8 式(17)). 由(1) 得

$$C(U_m) = \int_{S_r} DP_\xi(H_{U_m})U_r(\mathrm{d}\xi) \downarrow$$

$$\int_{S_r} DP_\xi(H_B)U_r(\mathrm{d}\xi) = C(B)$$

(二) 至此我们只对相对紧集定义了容度,现在希望把它的定义域扩大到一切 Borel 集上去. 为此,需利用 Choquet 容度理论.

设 E 为局部紧的可分距离空间,K 是 E 中一切紧子集的类. 定义在 K 上的实值集函数 φ 称为 Choquet 容度,如果:

(a) 若 $A \in K, B \in K, A \subset B$,则 $\varphi(A) \leqslant \varphi(B)$;

(b) 对一切 $A \in K, B \in K$,有

$$\varphi(A \cup B) + \varphi(A \cap B) \leqslant \varphi(A) + \varphi(B)$$

(c) 设 $A \in K$,则对任意 $\varepsilon > 0$,存在开集 $U \supset A$,使对任意 $B \in K, A \subset B \subset U$,有

$$\varphi(B) - \varphi(A) < \varepsilon$$

利用已给的 $\varphi(A), A \in K$,可以对 E 的任意子集 A 定义内容度 $\varphi_*(A)$ 及外容度 $\varphi^*(A)$ 为

$$\varphi_*(A) = \sup\{\varphi(B) \mid B \in K, B \subset A\} \tag{5}$$

$$\varphi^*(A) = \inf\{\varphi_*(U) \mid U \text{ 为开集}, A \subset U\} \tag{6}$$

若对某 $A \subset E$,有

$$\varphi_*(A) = \varphi^*(A) \tag{7}$$

则称 A 为可容的,并以此公共值作为 A 的 Choquet 容度,记为 $\widetilde{C}(A)(=\varphi^*(A))$. 由(c) 知,紧集 B 是可容的,而且 $\widetilde{C}(B) = C(B)$.

Choquet **容度扩张定理**　每一 Borel 集可容.

此定理之证可见文献[1,24]. 所谓 Borel 集类是指含一切开集的最小 σ 代数. 其实不仅 Borel 集,更一

般的解析集也是可容的. 利用此定理可证明对相当广泛的过程,解析集的首中时是马氏时间. 还可证明:若 A_n,A 可容,$A_n \uparrow A$,则 $\widetilde{C}(A_n) \uparrow \widetilde{C}(A)$.

现在回到 §8(一) 中所定义的容度 $C(B)$,B 为相对紧集. 当限制在 K 上考虑 $C(B)$ 时,由(i)(ii)(vi)(vii) 知它是一 Choquet 容度. 根据扩张定理,可把它的定义域扩大到一切 Borel 集上而得到 $\widetilde{C}(B)$.

今证若 B 为相对紧集,则 $\widetilde{C}(B)=C(B)$,因而新定义与原定义在相对紧集上一致. 一方面,有

$$\widetilde{C}(B)=\sup\{C(A) \mid A \in K, A \subset B\} \leqslant C(B)$$

另一方面,若 U 为相对紧开集,则由(vi) 及(5) 知,$\widetilde{C}(U)=C(U)$,故对相对紧集 B,有

$$\begin{aligned}\widetilde{C}(B)=&\inf\{\widetilde{C}(U) \mid U \text{ 为相对紧开集}, U \supset B\}= \\ &\inf\{C(U) \mid U \text{ 为相对紧开集}, U \supset B\} \geqslant \\ &C(B)\end{aligned}$$

从而

$$\widetilde{C}(B)=C(B)$$

注 1 对具体的 B,要求出它的容度并非容易. 因为由(1),这相当于要求出 $P_{\xi}(H_B)$. 有时可以利用逼近定理: 若 $B_m \in \mathscr{B}^n$,$B_m \uparrow B$,B 有界,则 $C(B_m) \uparrow C(B)$;或者 B_m 紧,$B_m \downarrow B$,则 $C(B_m) \downarrow C(B)$. 对有些集,可以找到容度的估值. 例如(见文献[17]),设

$$C_L=\left\{x \mid 0 \leqslant x_1 < L, \sum_{i=2}^{n} x_i^2 \leqslant 1\right\} \quad (L>0)$$

它是底为 $n-1$ 维单位球、高为 L 的圆柱. 则对 $L_0>0$,存在常数 M 及 N,使

$$ML \leqslant C(C_L) \leqslant NL \quad (L > L_0, n > 3)$$

$$\frac{ML}{\log L} \leqslant C(C_L) \leqslant \frac{NL}{\log L} \quad (L > L_0, n = 3)$$

§10　暂留集的平衡测度

（一）在 §8 中，对相对紧集定义了平衡测度，并证明了两个重要的结果，即(8) 与(16). 本节将推广这些结果到某些无界集上，即 §6 中所定义的暂留集上，它们依赖于 Brown 运动本身. 相对紧集都是暂留集($n \geqslant 3$ 时). 回忆暂留集 $B(\in \mathscr{B}^n)$ 的定义是：对一切 x，有

$$\lim_{t\to\infty} P_x(x_s \in B, \text{对某 } s > t) = 0 \tag{1}$$

称 $\mathscr{B}^n$ 上的任一测度 μ 为 Radon 测度，如对任一紧集 K，有 $\mu(K) < \infty$.

设 $\mu_n(n \geqslant 1)$ 及 μ 皆为 Radon 测度，称 μ_n 淡收敛于 μ(converges vaguely)，如对任一有紧支集的连续函数 φ，有

$$\lim_{n\to\infty}\int\varphi \mathrm{d}\mu_n = \int\varphi \mathrm{d}\mu \tag{2}$$

淡收敛记为 $\mu_n \xrightarrow{v} \mu \left(\int = \int_{R^n}\right)$.

设 $\mu_n(n \geqslant 1)$ 为一列 Radon 测度，若对每一紧集 K，有 $\sup\limits_n \mu_n(K) < \infty$，则必存在一列严格上升的整数 $\{n_j\}$ 及 Radon 测度 μ，使 $\mu_{n_j} \xrightarrow{v} \mu$.

定理 1　设 B 为暂留集，则：

(i) 存在唯一 Radon 测度 μ_B，其支集含于 ∂B，使

$$G\mu_B(x) = P_x(h_B < \infty) \tag{3}$$

(ii) 若 $B_m(m \geqslant 1)$ 是任一列相对紧集,满足

$$B_1 \subset B_2 \subset \cdots, \bigcup_m B_m = B$$

则当 $m \to \infty$ 时,有

$$G\mu_{B_m} \uparrow G\mu_B, \mu_{B_m} \xrightarrow{v} \mu_B$$

证 1° 设 $\{B_m\}$ 满足定理条件,则

$$\bigcup_m (h_{B_m} < \infty) = (h_B < \infty)$$

$$P_x(h_{B_m} < \infty) \uparrow P_x(h_B < \infty)$$

由 §8 式(8),得

$$G\mu_{B_m}(x) = P_x(h_{B_m} < \infty) \leqslant P_x(h_B < \infty) \overset{(设)}{\equiv} \varphi_B(x) \tag{4}$$

设 K 为任一紧集,因 $\inf\limits_{y \in K} g(y-x) = c(x) > 0$,由上式得

$$P_x(h_B < \infty) \geqslant \int_K g(y-x)\mu_{B_m}(\mathrm{d}y) \geqslant c(x)\mu_{B_m}(K)$$

故 $\sup\limits_m \mu_{B_m}(K) < \infty$. 根据上述,存在子列 $\mu_{B'_m} \xrightarrow{v} \mu_B$. 其中 μ_B 为某 Radon 测度.

2° 设 $f \geqslant 0$ 连续,有紧支集. 由 §1 引理 4 知,Gf 有界连续. 以 B_r 表示半径为 r,中心为 O 的闭球,当 Gf 限制在 B_r 上时,由 $\mu_{B'_m} \xrightarrow{v} \mu_B$ 得

$$A \overset{(设)}{\equiv} \lim_{r \to \infty} \left[\lim_{m \to \infty} \int_{B_r} Gf(x)\mu_{B'_m}(\mathrm{d}x) \right] = \lim_{r \to \infty} \int_{B_r} Gf(x)\mu_B(\mathrm{d}x) = \int Gf(x)\mu_B(\mathrm{d}x) = \int G\mu_B(x) f(x)\mathrm{d}x \tag{5}$$

再由 $G\mu_{B'_m} \uparrow \varphi_B$ 得

$$B \overset{(设)}{\equiv} \lim_{m\to\infty}\int Gf(x)\mu_{B'_m}(\mathrm{d}x) =$$

$$\lim_{m\to\infty}\int G\mu_{B'_m}(x)f(x)\mathrm{d}x =$$

$$\int \varphi_B(x)f(x)\mathrm{d}x \tag{6}$$

利用最后将证明一个结果：对任意 $\varepsilon > 0$，存在 $r_0 > 0$，使当 $r \geqslant r_0$ 时，有

$$\sup_m \int_{B_r^c} \mu_{B'_m}(\mathrm{d}x)Gf(x) < \varepsilon \tag{7}$$

容易看出，当 r 充分大时，A 与 B 之值皆在

$$\lim_{m\to\infty}\int Gf(x)\mu_{B'_m}(\mathrm{d}x) \pm \varepsilon$$

之间，从而 $A = B$，于是(5)(6) 的右边值也相等，即有

$$\int G\mu_B(x)f(x)\mathrm{d}x = \int \varphi_B(x)f(x)\mathrm{d}x$$

由 f 的任意性得

$$G\mu_B(x) = \varphi_B(x) \quad (\text{a. e.})$$

利用 §8 定理 2 中的同样证法，即知上式对一切 x 成立. 由此得证(3) 及(ii) 中第一结论.

3° 若$\{\mu_{B''_m}\}$ 为$\{\mu_{B_m}\}$ 的另一淡收敛于某测度 μ'_B 的另一子列，则同样推理可得

$$G\mu'_B(x) = \varphi_B(x) = G\mu_B(x)$$

由唯一性定理(§7 定理 1) 即得 $\mu'_B = \mu_B$，因而 $\mu_{B_m} \xrightarrow{v} \mu_B$. 唯一性定理还表明 μ_B 是唯一的有势为 φ_B 的测度. 下证支集 $\angle\mu_B \subset \partial B$. 取球列$\{B_m\}$. 令 $C_m = B \cap B_m$，则 $C_1 \subset C_2 \subset \cdots$，$\bigcup_m C_m = B$. 于是 $\mu_{C_m} \xrightarrow{v} \mu_B$. 但 $\angle\mu_{C_m} \subset \partial C_m$，而且 B 的每一内点必为 C_m(m 充分

大）的内点，故 $\angle\mu_B \subset \partial B$.

4° 剩下要证(7). 若 $x \in B_r^c$，则 $H_{B_r^c}(x, \mathrm{d}y)$ 集中在点 x 上，故

$$\int_{B_r^c} \mu_{B'_m}(\mathrm{d}x) Gf(x) = \int_{B_r^c} \mu_{B'_m}(\mathrm{d}x) H_{S_r^c} Gf(x) \leqslant \int \mu_{B'_m}(\mathrm{d}x) H_{B_r^c} Gf(x) \qquad (8)$$

在 §6 式(13) 中令 $\lambda \to 0$，得

$$\int H_{B_r^c}(x, \mathrm{d}z) g(y-z) = \int H_{B_r^c}(y, \mathrm{d}z) g(x-z)$$

由此及(4) 得

$$\int \mu_{B'_m}(\mathrm{d}x) H_{B_r^c} Gf(x) =$$

$$\iiint \mu_{B'_m}(\mathrm{d}x) H_{B_r^c}(x, \mathrm{d}z) g(y-z) f(y) \mathrm{d}y =$$

$$\iiint \mu_{B'_m}(\mathrm{d}x) f(y) \mathrm{d}y H_{B_r^c}(y, \mathrm{d}z) g(x-z) =$$

$$\int H_{B_r^c} G\mu_{B'_m}(y) f(y) \mathrm{d}y \leqslant$$

$$\int H_{B_r^c} \varphi_B(y) f(y) \mathrm{d}y$$

联合(8) 即得

$$\int_{B_r^c} Gf(x) \mu_{B'_m}(\mathrm{d}x) \leqslant \int H_{B_r^c} \varphi_B(y) f(y) \mathrm{d}y \qquad (9)$$

简写 $h_{B_r^c}$ 为 h，注意 $\varphi_B \leqslant 1$. 对 $t > 0$，有

$$\begin{aligned} H_{B_r^c} \varphi_B(y) = & E_y[\varphi_B(x(h))] = \\ & E_y[\varphi_B(x(h)), h \leqslant t] + \\ & E_y[\varphi_B(x(h)), h > t] \leqslant \\ & P_y(h \leqslant t) + T_t \varphi_B(y) \end{aligned} \qquad (10)$$

因 B 为暂留集，故

$$T_t \varphi_B(y) = P_y(x(s) \in B, 对某\ s > t) \downarrow 0 \quad (t \to \infty)$$

又因 $P_y(\lim\limits_{r\to\infty} h=\infty)=1$，故 $\lim\limits_{r\to\infty} P_y(h\leqslant t)=0$，于是由(10)知，$\lim\limits_{r\to\infty} H_{B_r^c}\varphi_B(y)=0$. 既然 f 有紧支集，由控制收敛定理知，当 r 充分大时，式(9)右边积分小于任意给定的 $\varepsilon>0$. 于是左边对一切 m 也如此，由此得证(7).

我们称定理 1 中的 μ_B 为 B 的平衡测度，其势称为平衡势.

(二) 在 §9 中，对任一 Borel 集 B，定义了容度 $\widetilde{C}(B)$，它是由相对紧集的容度经扩张后而来的. 自然要问：当 B 为暂留集时，其平衡测度的全部质量 $\mu_B(R^n)$ 是否等于 $\widetilde{C}(B)$？为此，需要下列引理.

引理 1　设 B 为暂留集，又 $A\subset B$，则

$$\mu_A(R^n)\leqslant\mu_B(R^n) \tag{11}$$

证　以 $\{D_m\}$ 表示一列上升的相对紧集，其和为 R^n. 由定理 1 得

$$\begin{aligned}
&\int\mu_A(\mathrm{d}x)G\mu_{D_m}(x)=\\
&\int\mu_{D_m}(\mathrm{d}x)G\mu_A(x)=\\
&\int\mu_{D_m}(\mathrm{d}x)P_x(h_A<\infty)\leqslant\\
&\int\mu_{D_m}(\mathrm{d}x)P_x(h_B<\infty)=\\
&\int\mu_{D_m}(\mathrm{d}x)G\mu_B(x)=\\
&\int\mu_B(\mathrm{d}x)G\mu_{D_m}(x)
\end{aligned}$$

由于

$$G\mu_{D_m}(x)=P_x(h_{D_m}<\infty)\uparrow 1$$

因此由单调收敛定理得证(11).

定理 2　设 B 为暂留集，则有：

(i) 若$\{B_m\}$为相对紧集列，$B_1 \subset B_2 \subset \cdots$，$\bigcup_m B_m = B$，则 $C(B_m) \uparrow \widetilde{C}(B)$；

(ii)$\widetilde{C}(B) = \mu_B(R^n)$.

证 1° 由 $C(B_m) = \mu_{B_m}(R^n)$ 及(11)，得

$$C(B_1) \leqslant C(B_2) \leqslant \cdots \leqslant \mu_B(R^n) \tag{12}$$

以 $f_r(r \geqslant 1)$ 表示有紧支集的连续函数，$0 \leqslant f_r \leqslant 1$，$f_r \uparrow 1(r \to \infty)$，有

$$C(B_m) \geqslant \int f_r(x)\mu_{B_m}(\mathrm{d}x)$$

既然 $\mu_{B_m} \xrightarrow{v} \mu_B$，那么得

$$\lim_{m\to\infty} C(B_m) \geqslant \int f_r(x)\mu_B(\mathrm{d}x)$$

再令 $r \to \infty$，有

$$\lim_{m\to\infty} C(B_m) \geqslant \mu_B(R^n)$$

结合(12)得

$$C(B_m) \uparrow \mu_B(R^n) \tag{13}$$

2° 下面分两种情况. 先设 $\mu_B(R^n) = \infty$，对任意 $N > 0$，必有 m 使 $C(B_m) \geqslant 2N$. 由于

$$C(B_m) = \sup\{C(K) \mid K \subset B_m, K \text{ 紧}\} \tag{14}$$

故必有紧集 $K \subset B_m \subset B$ 使 $C(K) > N$. 从而

$$\widetilde{C}(B) = \sup\{C(K) \mid K \subset B, K \text{ 紧}\} = \infty = \mu_B(R^n)$$

再设 $\mu_B(R^n) < \infty$. 对 $\varepsilon > 0$，存在 m 使得

$$C(B_m) \geqslant \mu_B(R^n) - \varepsilon$$

由(14)知，有紧集 $K \subset B_m \subset B$，使

$$C(K) \geqslant C(B_m) - \varepsilon \geqslant \mu_B(R^n) - 2\varepsilon$$

故 $\widetilde{C}(B) \geqslant \mu_B(R^n)$. 联合(13)即得 $\widetilde{C}(B) = \mu_B(R^n)$.

(三) 现在来推广 §8 式(16)，它是概率论与势论间的一个重要联系.

定理 3　设 B 为闭集，则

$$P_x(h_B<\infty)=\sup_{\mu\in\mathscr{M}(B)}G\mu(x) \tag{15}$$

证　因 B 闭，故可以找到紧集 $B_n\subset B, B_1\subset B_2\subset\cdots, \bigcup_n B_n=B$. 由 §8 定理 2，得

$$G\mu_{B_n}(x)=P_x(h_{B_n}<\infty)\uparrow P_x(h_B<\infty)\quad(n\to\infty) \tag{16}$$

另一方面，设 $\mu\in\mathscr{M}(B)$，其紧支集含于 B_n. 由 §8 式(22)(23) 得

$$G\mu(x)\leqslant G\mu_{B_n}(x)=P_x(h_{B_n}<\infty)\leqslant P_x(h_B<\infty)$$

由此及(16) 即得(15).

注 1　闭集 B 为暂留集的充要条件是：存在 Radon 测度 μ_B，其支集含于 ∂B，使

$$G\mu_B(x)=\sup\{G\mu(x)\mid\mu\in\mathscr{M}(B)\} \tag{17}$$

证　必要：由定理 1 与定理 3 得

$$G\mu_B(x)=P_x(h_B<\infty)=\sup\{G\mu(x)\mid\mu\in\mathscr{M}(B)\}$$

充分：由(17) 及定理 3 得

$$G\mu_{B_n}(x)=\sup\{G\mu(x)\mid\mu\in\mathscr{M}(B)\}=P_x(h_B<\infty)$$

$$T_tG\mu_B(x)=T_tP_x(h_B<\infty)=P_x(x_s\in B, \text{对某 } s>t)$$

令 $t\to\infty$，仿照 §8 定理 2 之证，知左边趋于 0，故 B 暂留.

对暂留集 B 称定理 1 中的 μ_B 为 B 的平衡测度，已证明 $\angle\mu_B\subset\partial B, \mu_B(R^n)=\widetilde{C}(B)$，故它与容度的扩张理论是相容的.

§11 极　　集

(一)λ 一势. 本节讨论集为极集的条件. 回忆集 $B\in\mathscr{B}^n$ 称为极集,如 $P_x(h_B<\infty)\equiv 0$. 以下会看到,这些条件可以通过容度、规则点或势来表达. 对 $\lambda>0$,令

$$H_B^\lambda(x,A)=\int_0^\infty \mathrm{e}^{-\lambda t}P_x(h_B\in \mathrm{d}t, x(h_B)\in A) \quad (1)$$

$$\mu_B^\lambda(A)=\lambda\int H_B^\lambda(x,A)\mathrm{d}x \quad (2)$$

下面的引理表明:$E_x\mathrm{e}^{-\lambda h_B}$ 是 μ_B^λ 的 λ 一势.

引理 1　对任意 $B\in\mathscr{B}^n$,有

$$E_x\mathrm{e}^{-\lambda h_B}=\int g^\lambda(y-x)\mu_B^\lambda(\mathrm{d}y) \quad (\equiv G^\lambda\mu_B^\lambda(x)) \quad (3)$$

证　将 §6 式(12) 两边对 $x\in R^n$ 积分,并利用

$$\int g^\lambda(x)\mathrm{d}x=\int_0^\infty \mathrm{e}^{-\lambda t}\int p(t,x)\mathrm{d}x\mathrm{d}t=\int_0^\infty \mathrm{e}^{-\lambda t}\mathrm{d}t=\frac{1}{\lambda} \quad (4)$$

得

$$1=\int_{\overline{B}}\mu_B^\lambda(\mathrm{d}z)g^\lambda(y-z)+\lambda\int g_B^\lambda(x,y)\mathrm{d}x \quad (5)$$

由 g_B^λ 的对称性及 §6 式(7),得

$$\int g_B^\lambda(x,y)\mathrm{d}x=\int g_B^\lambda(y,x)\mathrm{d}x=E_y\int_0^{h_B}\mathrm{e}^{-\lambda t}\mathrm{d}t=\frac{1}{\lambda}(1-E_y\mathrm{e}^{-\lambda h_B}) \quad (6)$$

代入(5) 并利用 g^λ 的对称性即得(3).

注 1　设 $n \geqslant 2$,可列点集为极集.

证　利用 $P_x(h_{\bigcup\limits_m A_m} < \infty) \leqslant \sum\limits_m P_x(h_{A_m} < \infty)$ 知,可列多个极集的和为极集,故只要证单点集为极集.在(3)中取 $B=\{a\}$,得

$$E_x e^{-\lambda h_a} = g^\lambda(a-x)\mu_a^\lambda(a) \quad (a=\{a\}) \tag{7}$$

令 $x \to a$,左边界于 0 与 1 之间,而由 $n \geqslant 2$,得

$$\lim_{x \to a} g^\lambda(a-x) = g^\lambda(0) = \infty$$

故必有 $\mu_a^\lambda(a)=0$.于是 $E_x e^{-\lambda h_a} \equiv 0$,从而

$$P_x(h_a < \infty) \equiv 0$$

注意,μ_B^λ 集中在 $\overline{B}$ 上,又 $g^\lambda(x)$ 当 x 在紧集上变动时,下界大于0.故由(3)知,若 $\overline{B}$ 紧,则 $\mu_B^\lambda(\overline{B}) < \infty$.令

$$C^\lambda(B) = \mu_B^\lambda(\overline{B}) \tag{8}$$

引理 2　设 B 与 B_m 皆紧,又

$$B_1 \supset \mathring{B}_1 \supset B_2 \supset \mathring{B}_2 \supset \cdots$$

$$\bigcap_m \mathring{B}_m = \bigcap_m B_m = B$$

则有

$$\lim_{m \to \infty} C^\lambda(B_m) = C^\lambda(B) \tag{9}$$

证　将(3)两边对 $x \in R^n$ 积分,利用(4)得

$$\int E_x e^{-\lambda h_B} dx = \iint g^\lambda(y-x) dx \mu_B^\lambda(dy) = \frac{1}{\lambda}\int \mu_B^\lambda(dy) = \frac{1}{\lambda}\mu_B^\lambda(\overline{B}) = \frac{1}{\lambda}C^\lambda(B)$$

故得

$$C^\lambda(B) = \lambda \int E_x e^{-\lambda h_B} dx$$

$$C^{\lambda}(B_m)=\lambda\int E_x \mathrm{e}^{-\lambda h_{B_m}}\,\mathrm{d}x \tag{10}$$

故由§6引理1及§3定理4,得

$$E_x \mathrm{e}^{-\lambda h_{B_m}} \downarrow E_x \mathrm{e}^{-\lambda h_B} \quad (L\text{-a. e. } x)$$

由此及(10)即得(9).

(二)充要条件.

定理1 设K为紧集,又$\sup\limits_x E_x \mathrm{e}^{-\lambda h_K}=\beta<1$,则$K$为极集.

证 取一列紧集$K_m\supset K$,使

$$K_1\supset \mathring{K}_1\supset K_2\supset \mathring{K}_2\supset\cdots$$

$$\bigcap_m K_m=\bigcap_m \mathring{K}_m=K$$

由$y\in K\subset \mathring{K}_m\subset K_m^r$,得

$$E_y \mathrm{e}^{-\lambda h_{K_m}}=1 \tag{11}$$

一方面有

$$\iint g^{\lambda}(y-x)\mu_K^{\lambda}(\mathrm{d}y)\mu_{K_m}^{\lambda}(\mathrm{d}x)=$$

$$\int_{K_m}(E_x \mathrm{e}^{-\lambda h_K})\mu_{K_m}^{\lambda}(\mathrm{d}x)\leqslant \beta C^{\lambda}(K_m)$$

另一方面,由(11)得

$$\iint g^{\lambda}(y-x)\mu_K^{\lambda}(\mathrm{d}y)\mu_{K_m}^{\lambda}(\mathrm{d}x)=$$

$$\int_K(E_y \mathrm{e}^{-\lambda h_{K_m}})\mu_K^{\lambda}(\mathrm{d}y)=C^{\lambda}(K)$$

由此及引理2,得

$$C^{\lambda}(K)\leqslant \beta C^{\lambda}(K_m)\downarrow \beta C^{\lambda}(K)$$

故$C^{\lambda}(K)=0$.由(3),得

$$E_x \mathrm{e}^{-\lambda h_K}\equiv 0,P_x(h_K<\infty)\equiv 0$$

在§3中,我们称可测集B为疏集,如$B^r=\varnothing$(空集).直观地说,疏集是自任一点都不能立刻命中的集.

下面的定理表示：如果一个紧集自任一点都不能立刻击中，那么它自任一点永远都不能击中.

定理 2　设 A 为紧集，则 A 为极集的充要条件是它为疏集.

证　必要：由 $P_x(h_A=0)\leqslant P_x(h_A<\infty)$ 知极集必为疏集.

充分：1° 先证 $E_x\mathrm{e}^{-\lambda h_A}$ 对 x 下连续. 由 §3 定理 3 知，$P_x(h_A\leqslant t)$ 下连续. 由 Fatou 引理及分部积分，得

$$\begin{aligned}\varliminf_{x\to a}E_x\mathrm{e}^{-\lambda h_A}&=\varliminf_{x\to a}\int_0^\infty \mathrm{e}^{-\lambda t}\mathrm{d}P_x(h_A\leqslant t)\geqslant\\&\varliminf_{x\to a}\lambda\int_0^\infty P_x(h_A\leqslant t)\mathrm{e}^{-\lambda t}\mathrm{d}t\geqslant\\&\lambda\int_0^\infty \varliminf_{x\to a}P_x(h_A\leqslant t)\mathrm{e}^{-\lambda t}\mathrm{d}t\geqslant\\&\lambda\int_0^\infty P_a(h_A\leqslant t)\mathrm{e}^{-\lambda t}\mathrm{d}t=E_a\mathrm{e}^{-\lambda h_A}\end{aligned}$$

2° 令 $A_m=\left\{x\mid E_x\mathrm{e}^{-\lambda h_A}\leqslant 1-\dfrac{1}{m}\right\}\cap A\subset A$，由 1° 知 A_m 为紧集. 根据引理 1，对 $x\in A_m$，有

$$G^\lambda\mu^\lambda_{A_m}(x)=E_x\mathrm{e}^{-\lambda h_{A_m}}\leqslant E_x\mathrm{e}^{-\lambda h_A}\leqslant 1-\frac{1}{m}$$

由 §7 极大原理（定理 2′），上式对一切 $x\in R^n$ 成立. 由定理 1 知 A_m 为极集. 因 $A^r=\varnothing$，故 $A=\bigcup_m A_m$ 也是极集.

定理 3　若 B 为紧集，则 $B\cap(B^r)^c$ 为极集.

证　注意若 $N\supset M$，$x\notin N^r$，则显然 $x\notin M^r$. 对正整数 m，令

$$B_m=B\cap\left\{x\mid E_x\mathrm{e}^{-\lambda h_B}\leqslant 1-\frac{1}{m}\right\}\equiv B\cap D_m$$

任取 $x\in R^n$，或者 $x\notin B^r$，由上述事实知 $x\notin B^r_m$，或

者 $x \in B^r$，因此 $P_x(h_B=0)=1$ 而 $x \notin D_m$. 既然 $E_x e^{-\lambda h_B}$ 对 x 下连续，D_m 为闭集，故 $x \notin D_m^r$. 再利用以上事实，知 $x \notin B_m^r$. 于是得知 $B_m^r=\varnothing$. 由定理 2，知 B_m 为极集，从而

$$B \cap (B^r)^c = \bigcup_m B_m$$

也是极集.

定理 4　设 $B \in \mathscr{B}^n (n \geqslant 3)$，则 B 为极集的充要条件是下面两者之一：

(i) B 的任一紧子集为极集；

(ii) 容度 $\widetilde{C}(B)=0$.

证　(i) 必要性显然. 反之，设紧子集 $K \subset B$ 为极集，由 §8 注 2 知，$C(K)=0$. 于是对 B 的任意相对紧子集 A，有

$$C(A)=\widetilde{C}(A)=\sup\{C(K) \mid K \subset A, K \text{ 紧}\}=0$$

再由 §8 注 2，A 为极集. 特别地，$B \cap B_m$ 为极集，其中 $B_m=\{x \mid |x| \leqslant m\}$. 由 $B=\bigcup_m (B \cap B_m)$ 知 B 为极集.

(ii) 若 B 为极集，则其紧子集为极集. 由 §8 注 2 得

$$\widetilde{C}(B)=\sup\{C(K) \mid K \subset B, K \text{ 紧}\}=0$$

反之，若 $\widetilde{C}(B)=0$，则对其任意紧子集 K，有 $C(K)=0$，故 K 为极集. 由 (i) 即知 B 为极集.

回忆 §8(三) 中 $\mathscr{M}(B)$ 的定义，有如下定理：

定理 5　设 $B \in \mathscr{B}^n (n \geqslant 3)$，则 B 为极集的充要条件是 $\mathscr{M}(B)=\varnothing$；或等价地，对任意测度 μ，其支集 $K \subset B$，$0<\mu(B)<\infty$，有 $\sup_x G\mu(x)=\infty$.

证　只需证后一结论. 设有如上的 μ，使

$$\sup_x G\mu(x) \leqslant M < \infty$$

则

$$\frac{\mu}{M} \in \mathscr{M}(K) \subset \mathscr{M}(B)$$

显然，由 §8 式(16)，得

$$P_x(h_B < \infty) \geqslant P_x(h_K < \infty) \geqslant \frac{G\mu(x)}{M}$$

因 μ 非 0，由 §7 唯一性定理知，至少有一 x，使 $G\mu(x) > 0$. 对此 x，有 $P_x(h_B < \infty) > 0$，故 B 非极集.

反之，如 B 非极集，由定理 4(i) 知，B 必有某紧子集 K，它非极集，即 $P_x(h_K < \infty) > 0$ 对某 x 成立. 考虑 K 的平衡测度 μ_K，由 §8 定理 2 得

$$0 < P_x(h_K < \infty) = G\mu_K(x) \leqslant 1$$

故 μ_K 使 $\sup\limits_x G\mu(x) = \infty$ 不成立.

§12　末遇分布

(一) 末遇时与末遇点. 对 $B \in \mathscr{B}^n$，$n \geqslant 3$，定义 B 的末遇时为

$$l_B(\omega) = \begin{cases} \sup\{t > 0 \mid x_t(\omega) \in B\}, & \text{如右集非空} \\ 0, & \text{否则} \end{cases} \tag{1}$$

并称 $x(l_B)$ 为 B 的末遇点. 由于

$$(l_B > t) = (\theta_t h_B < \infty) \tag{2}$$

故 l_B 是一个随机变量.

本节中，设 B 为暂留集，μ_B 表示 §10 定理 1 中的 Radon 测度. 当 B 为相对紧集时，μ_B 即为 B 的平衡测

度.

定理1　自 $x \in R^n$ 出发,l_B 的分布在$(0,\infty)$上绝对连续,而且有密度为

$$\int p(t,x,z)\mu_B(\mathrm{d}z) \quad (t>0)$$

证　由(1)及§10定理1,得

$$\begin{aligned}P_x(l_B>t)=P_x(\theta_t h_B<\infty)= \\ E_x P_{x(t)}(h_B<\infty)= \\ \int p(t,x,y)P_y(h_B<\infty)\mathrm{d}y= \\ \int p(t,x,y)G\mu_B(y)\mathrm{d}y= \\ \int p(t,x,y)\int g(y,z)\mu_B(\mathrm{d}z)\mathrm{d}y= \\ \int p(t,x,y)\iint_0^\infty p(s,y,z)\mathrm{d}s\mu_B(\mathrm{d}z)\mathrm{d}y= \\ \int_0^\infty\int p(s+t,x,z)\mu_B(\mathrm{d}z)\mathrm{d}s= \\ \int_t^\infty\left[\int p(s,x,z)\mu_B(\mathrm{d}z)\right]\mathrm{d}s\end{aligned}$$

注1

$$E_x(\mathrm{e}^{-\lambda l_B},l_B>0)=\int g^\lambda(x,y)\mu_B(\mathrm{d}y) \quad (\lambda\geqslant 0) \tag{3}$$

证　上式左边等于

$$\begin{aligned}\int_{0^+}^\infty \mathrm{e}^{-\lambda t}P_x(l_B\in \mathrm{d}t)= \\ \int_{0^+}^\infty \mathrm{e}^{-\lambda t}\int p(t,x,z)\mu_B(\mathrm{d}z)\mathrm{d}t= \\ \int g^\lambda(x,z)\mu_B(\mathrm{d}z)\end{aligned}$$

以 $L_B(x,A)=P_x(x(l_B)\in A,l_B>0)$ 表示末遇

点分布，则有下列定理，它由 Chung[3] 得到.

定理 2

$$L_B(x,A)=\int_A g(x,y)\mu_B(\mathrm{d}y)$$

$$(x\in R^n, A\subset \mathscr{B}^n) \tag{4}$$

证　取 $f\geqslant 0$ 为 R^n 上的连续函数，有紧支集，且在 x 的某邻域为 0. 因为在 $l_B>t$ 上，有 $l_B=t+\theta_t l_B$，故对 $\lambda\geqslant 0$ 有

$$\int_0^\infty \mathrm{e}^{-\lambda t}E_x[f(x(l_B-t));l_B>t]\mathrm{d}t=$$

$$E_x\left[\int_0^{l_B}\mathrm{e}^{-\lambda t}f(x(l_B-t))\mathrm{d}t\right]=$$

$$E_x\left[\int_0^{l_B}\mathrm{e}^{-\lambda(l_B-t)}f(x(t))\mathrm{d}t\right]=$$

$$E_x\left[\int_0^{l_B}\mathrm{e}^{-\lambda\theta_t l_B}f(x(t))\mathrm{d}t\right]=$$

$$\int_0^\infty E_x[\mathrm{e}^{-\lambda\theta_t l_B}f(x(t));l_B>t]\mathrm{d}t=$$

$$\int_0^\infty E_x[f(x(t))E_{x(t)}(\mathrm{e}^{-\lambda l_B};l_B>0)]\mathrm{d}t=$$

$$\int_0^\infty\int f(z)E_z(\mathrm{e}^{-\lambda l_B};l_B>0)p(t,x,z)\mathrm{d}z\mathrm{d}t=$$

$$\int g(x,z)f(z)\left[\int g^\lambda(z,y)\mu_B(\mathrm{d}y)\right]\mathrm{d}z(\text{由}(3))=$$

$$\int g(x,z)f(z)\left[\iint_0^\infty \mathrm{e}^{-\lambda t}p(t,z,y)\mathrm{d}t\mu_B(\mathrm{d}y)\right]\mathrm{d}z=$$

$$\int_0^\infty \mathrm{e}^{-\lambda t}\left[\iint p(t,z,y)f(z)g(x,z)\mathrm{d}z\mu_B(\mathrm{d}y)\right]\mathrm{d}t$$

两边取反拉氏变换可知，对 L-a.e. $t\in(0,\infty)$，有

$$E_x[f(x(l_B-t));l_B>t]=$$

$$\iint p(t,z,y)f(z)g(x,z)\mathrm{d}z\mu_B(\mathrm{d}y) \tag{5}$$

注意 $f(\cdot)g(x,\cdot)$ 连续且有紧支集. 由于式(5)两边皆对 t 连续,故(5)对一切 $t>0$ 成立. 在(5)中令 $t\to 0$,得

$$E_x[f(x(l_B));l_B>0]=\int f(y)g(x,y)\mu_B(\mathrm{d}y)$$

故

$$P_x(l_B>0,x(l_B)\in A)=\int_A g(x,y)\mu_B(\mathrm{d}y) \quad (6)$$

对 $A\subset R^n\backslash\{x\}$ 成立. 因

$$P_x(l_B>0)=P_x(h_B<\infty)=\int g(x,y)\mu_B(\mathrm{d}y)$$

故(6)对一切 $A\subset R^n$ 成立.

注 2

$$P_x(l_B>t,x(l_B)\in A)=\int_A\left[\int_t^\infty p(s,x,z)\mathrm{d}s\right]\mu_B(\mathrm{d}z) \quad (7)$$

证 左式等于

$$P_x(\theta_t(l_B>0,x(l_B)\in A))=$$
$$E_xP_{x(t)}(l_B>0,x(l_B)\in A)=$$
$$\int p(t,x,y)P_y(l_B>0,x(l_B)\in A)\mathrm{d}y=$$
$$\int p(t,x,y)\int_A g(y,z)\mu_B(\mathrm{d}z)\mathrm{d}y=$$
$$\int_A\left(\int_t^\infty p(s,x,z)\mathrm{d}s\right)\mu_B(\mathrm{d}z)$$

注 3 对相对紧集 B,有

$$L_B(x,\mathrm{d}y)=g(x,y)\lim_{|z|\to\infty}\frac{H_B(z,\mathrm{d}y)}{g(z,y)} \quad (8)$$

其中 $H_B(z,A)=P_z(x(h_B)\in A)$ 为首中点分布.

证 由(6)及 §8 式(5)得

$$\frac{L_B(x,\mathrm{d}y)}{g(x,y)}=\mu_B(\mathrm{d}y)=\lim_{|z|\to\infty}\frac{H_B(z,\mathrm{d}y)}{g(z)}$$

再注意 $\lim\limits_{|z|\to\infty}\dfrac{g(z,y)}{g(z)}=1$ 即得(8).

因此末遇点分布可通过首中点分布来表达.

(二)球的情形. 自 x 出发,$|x|<r$,则 B_r 与 S_r 的末遇时同分布,末遇点也同分布. 以下的定理 3 至定理 7 皆首见于文献[21,23],定理 3 也在文献[10]中得到.

定理 3　自 0 出发,球面 S_r 的末遇时 l_{S_r} 的分布 $P_0(l_{S_r}\leqslant t)$ 对 $t>0$ 绝对连续,有密度为

$$f(t)=\frac{r^{n-2}}{2^{\frac{n}{2}-1}\Gamma\left(\frac{n}{2}-1\right)}t^{-\frac{n}{2}}\mathrm{e}^{-\frac{r^2}{2t}}\quad(t>0)\qquad(9)$$

证　由定理 1 及 §8 例 1,得

$$\begin{aligned}f(t)=&\int p(t,x,z)\mu_{S_r}(\mathrm{d}z)=\\&\frac{r^{n-2}}{c_n}\int_{S_r}\frac{1}{(2\pi t)^{\frac{n}{2}}}\mathrm{e}^{-\frac{|y|^2}{2t}}U_r(\mathrm{d}y)=\\&\frac{r^{n-2}}{c_n|S_r|(2\pi t)^{\frac{n}{2}}}\int_{S_r}\mathrm{e}^{-\frac{|y|^2}{2t}}L_{n-1}(\mathrm{d}y)\end{aligned}\qquad(10)$$

将 §1 式(12)对 r 微分,得

$$\int_{S_r}f(|y|)L_{n-1}(\mathrm{d}y)=\frac{2\pi^{\frac{n}{2}}}{\Gamma\left(\frac{n}{2}\right)}r^{n-1}f(r)$$

特别地,有

$$\int_{S_r}\mathrm{e}^{-\frac{|y|^2}{2t}}L_{n-1}(\mathrm{d}y)=\frac{2\pi^{\frac{n}{2}}}{\Gamma\left(\frac{n}{2}\right)}r^{n-1}\mathrm{e}^{-\frac{r^2}{2t}}\qquad(11)$$

以此代入(10),并注意

$$c_n \mid S_r \mid = \frac{\Gamma\left(\frac{n}{2}-1\right) r^{n-1}}{\Gamma\left(\frac{n}{2}\right)}$$

即得证(9).

至于球面 S_r 的末遇点分布,则有

$$L_{S_r}(x, \mathrm{d}y) = \frac{r^{n-2}}{\mid y - x \mid^{n-2}} U_r(\mathrm{d}y) \quad (x \in R^n) \tag{12}$$

实际上,由(4)得

$$L_{S_r}(x, \mathrm{d}y) = g(x, y) \mu_{S_r}(\mathrm{d}y) = \frac{c_n}{\mid y - x \mid^{n-2}} \cdot \frac{r^{n-2}}{c_n} U_r(\mathrm{d}y) = \frac{r^{n-2}}{\mid y - x \mid^{n-2}} U_r(\mathrm{d}y)$$

特别地,由(12)及 §3 定理 2,知

$$P_0(x(h_r) \in A) = U_r(A) = P_0(x(l_{S_r}) \in A)$$

即自 0 出发,S_r 的首中点与末遇点同分布,即球面上的均匀分布.

定理 4　对 $n(\geqslant 3)$ 维 Brown 运动,当且仅当 $m < \frac{n}{2} - 1$ 时,$E_0(l_{S_r})^m < \infty$,而且

$$E_0(l_{S_r})^m = \frac{r^{2m}}{(n-4)(n-6)\cdots(n-2m-2)} \quad (n > 4) \tag{13}$$

证　由(9)得

$$E_0(l_{S_r})^m = \frac{r^{n-2}}{2^{\frac{n}{2}-1}\Gamma\left(\frac{n}{2}-1\right)} \int_0^{\infty} s^{m-\frac{n}{2}} \mathrm{e}^{-\frac{r^2}{2s}} \mathrm{d}s = \frac{r^{2m}}{2^m \Gamma\left(\frac{n}{2}-1\right)} \int_0^{\infty} u^{\frac{n}{2}-m-2} \mathrm{e}^{-u} \mathrm{d}u$$

后一积分当且仅当 $\frac{n}{2} > m+1$ 时收敛，其值为 $\Gamma\left(\frac{n}{2}-m-1\right)$. 利用等式

$$\Gamma\left(\frac{n}{2}-1\right)=\Gamma\left(\frac{n}{2}-m-1\right)\prod_{i=1}^{m}\left(\frac{n}{2}-i-1\right)$$

即得式(13).

于是此矩有成双性质，当 $n=3,4$ 时，$E_0(l_{S_r})=\infty$；当 $n=5,6$ 时，$E_0(l_{S_r})<\infty$；当 $n=7,8$ 时，$E_0(l_{S_r})^2<\infty$ 等.

关于矩还有一个有趣性质，由 §3 注 3 和 §3 定理 1 以及本节(13)，以 $l_r^{(n)}$，$h_r^{(n)}$ 及 $T_r^{(n)}$ 分别表示 n 维空间中 Brown 运动对 S_r 的末遇时、首中时及在 B_r 中的停留时间

$$T_r^{(n)}=\int_0^\infty \chi_{B_r}(x_t)\mathrm{d}t$$

(χ_A 表示 A 的示性函数)，则有

$$E_0[h_r^{(n)}]=E_0[T_r^{(n+2)}]=E_0[l_r^{(n+4)}]=\frac{r^2}{n}\quad(n\geqslant 1)\tag{14}$$

在 §3 注 3 中已知 $h_r^{(n)}$ 与 $T_r^{(n+2)}$ 关于 P_0 同分布，上式可视为此事实在矩的方面的延拓. 式(14) 还反映 Brown 粒子逃逸速度随维数 n 增高而加大.

以下固定 $n\geqslant 3$，简写 $l_r^{(n)}$ 为 $l_r(\equiv l_{S_r})$，$h_r^{(n)}$ 为 h_r，并定义

$$M_r=\max_{0\leqslant t\leqslant l_r}|x(t)|$$

$$\alpha_r=\min_t(|x_t|=M_r,t\leqslant l_r)\tag{15}$$

M_r 是 n 维 Brown 运动粒子在末遇球面 S_r 前所走的极大游程，即与原点的最大距离，而 α_r 为首达极大的时

刻.

定理 5　对 x，$|x|\leqslant r$，有

$$P_x(M_r\leqslant a)=\begin{cases}0, 如\ a\leqslant r\\ 1-\left(\frac{r}{a}\right)^{n-2}, 如\ a>r\end{cases}\tag{16}$$

证　先设 $a>r$，有

$$P_x(M_r\geqslant a)=P_x(l_r>h_a)=$$
$$\int_{S_a}P_x(x(h_a)\in \mathrm{d}b)P_b(l_r>0)$$

当 $b\in S_a$ 时，$|b|=a>r$. 由 §4 式(15)，得

$$P_b(l_r>0)=P_b(h_r<\infty)=\left(\frac{r}{a}\right)^{n-2}$$

$$P_x(M_r\geqslant a)=\int_{S_a}P_x(x(h_a)\in \mathrm{d}b)\left(\frac{r}{a}\right)^{n-2}=\left(\frac{r}{a}\right)^{n-2}$$

$$P_x(M_r>a)=\lim_{\varepsilon\downarrow 0}P_x(M_r\geqslant a+\varepsilon)=\left(\frac{r}{a}\right)^{n-2}$$

再设 $a<r$. 由 M_r 的定义，显然有 $P_x(M_r\leqslant a)=0$. 最后设 $a=r$. 由已证明的两个结果得

$$P_x(M_r=r)=\lim_{\varepsilon\downarrow 0}p_x(r-\varepsilon<M_r\leqslant r+\varepsilon)=$$
$$\lim_{\varepsilon\downarrow 0}[P_x(M_r\leqslant r+\varepsilon)-P_x(M_r\leqslant r-\varepsilon)]=$$
$$\lim_{\varepsilon\downarrow 0}\left[1-\left(\frac{r}{r+\varepsilon}\right)^{n-2}\right]=0$$

$$P_x(M_r\leqslant r)=\lim_{\varepsilon\downarrow 0}P_x(M_r\leqslant r-\varepsilon)+$$
$$P_x(M_r=r)=0$$

由(16) 知 $P_x(M_r\leqslant a)$ 不依赖于 x，$|x|\leqslant r$. 它有密度

$$g_r(a)=\begin{cases}0, 如\ a\leqslant r\\ \frac{(n-2)r^{n-2}}{a^{n-1}}, 如\ a>r\end{cases}\tag{17}$$

其 m 级矩为

$$E_x(M_r^m) = (n-2)r^{n-2}\int_r^{\infty} a^m a^{1-n} \mathrm{d}a =$$

$$\begin{cases} \infty, \text{如 } m \geqslant n-2 \\ \dfrac{n-2}{n-m-2} r^m, \text{如 } m < n-2 \end{cases}$$

$$(|x| \leqslant r) \tag{18}$$

由此知，当 $n=3$ 时，$E_x(M_r)=\infty$；当 $n=4$ 时，$E_x(M_r)<\infty$，但二级矩不存在；当 $n=5$ 时，$E_x(M_r^2)<\infty$，但三级矩不存在等.

今引入两个特征数 C_l 及 C_M，即

$$C_l = \max(\text{整数 } m \geqslant 0, E_0(l_r^m) < \infty)$$

$$C_M = \max(\text{整数 } m \geqslant 0, E_0(M_r^m) < \infty)$$

由(13)及(18)知它们依赖于空间维数 n，但不依赖于球的半径 $r>0$，而且还有下表：

n	3	4	5	6	…	$2k-1$	$2k$
C_l	0	0	1	1	…	$k-2$	$k-2$
C_M	0	1	2	3	…	$2k-4$	$2k-3$

这说明 $2k-1$ 与 $2k$ 维 Brown 运动，虽有相同的 $C_l=k-2$，却有不同的 C_M，分别为 $2k-4$ 与 $2k-3$. 用 C_l 可以把各维 Brown 运动按维数一对一对地区别开来，而用 C_M 则可一一地分开. 在此意义上，C_M 比 C_l 更精确些.

现在讨论 M_r 的修正变量 N_r，即

$$N_r = \frac{M_r - r}{\sqrt{D_x(M_r)}} \quad (n>4) \tag{19}$$

N_r 依赖于 n，又 D 表示方差. 由(18)知，当 $|x| \leqslant r$ 时，

有

$$E_x(M_r)=\frac{n-2}{n-3}r$$

$$D_x(M_r)=\frac{n-2}{(n-3)^2(n-4)}r^2 \tag{20}$$

定理 6　当 $|x|\leqslant r$ 时,有

$$\lim_{n\to\infty}P_x(N_r\leqslant a)=\begin{cases}0,\text{如 } a\leqslant 0\\ 1-\mathrm{e}^{-a},\text{如 } a>0\end{cases} \tag{21}$$

证

$$P_x(N_r>a)=P_x\left(\frac{M_r-r}{\frac{r}{n-3}\sqrt{\frac{n-2}{n-4}}}>a\right)=$$

$$P_x\left(M_r>\frac{ar}{n-3}\sqrt{\frac{n-2}{n-4}}+r\right)$$

由定理 5 知,当 $\frac{ar}{n-3}\sqrt{\frac{n-2}{n-4}}+r\leqslant r$ 时,亦即当 $a\leqslant 0$ 时,有 $P_x(N_r>a)=1$. 由此得(21) 中第一个结论. 当 $a>0$ 时,仍由定理 5,得

$$P_x(N_r>a)=\left(\frac{r}{\frac{ar}{n-3}\sqrt{\frac{n-2}{n-4}}+r}\right)^{n-2}=$$

$$\frac{1}{\left(1+\frac{a}{n-3}\sqrt{\frac{n-2}{n-4}}\right)^{n-3}}\cdot$$

$$\left(1+\frac{a}{n-3}\sqrt{\frac{n-2}{n-4}}\right)\to \mathrm{e}^{-a}\quad (n\to\infty)$$

今以 q_{ni} 表示 Bessel 函数 $\mathrm{J}_v(z)\left(v=\frac{n}{2}-1\right)$ 的正零点,又

$$\xi_{ni}=q_{ni}^{v-1}/2^{v-1}\Gamma(v+1)\mathrm{J}_{v+1}(q_{ni})$$

定理 7

(i) $$P_0(\alpha_r > t) = (n-2)r^{n-2}\sum_{i=1}^{\infty}\xi_{ni}\cdot\int_r^{\infty}\frac{1}{a^{n-1}}e^{-\frac{q_{ni}^2 t}{2a^2}}da.$$

(ii) $$E_0\alpha_r = \frac{n-2}{n(n-4)}r^2 \quad (n>4)$$

证　α_r 是首中随机球面 S_{M_r} 的时间，亦即 $\alpha_r = h_{M_r}$. 由此及(17)得

$$P_0(\alpha_r > t) = P_0(h_{M_r} > t) = \int_r^{\infty}P_0(h_a > t)P_0(M_r \in da)^{①} = \int_r^{\infty}P_0(h_a > t)\frac{(n-2)r^{n-2}}{a^{n-1}}da$$

以 §3 式(10)代入上式即得证(i). 其次

$$E_0\alpha_r = \int_0^{\infty}P_0(\alpha_r > t)dt = \int_r^{\infty}\left[\int_0^{\infty}P_0(h_a > t)dt\right]\frac{(n-2)r^{n-2}}{a^{n-1}}da$$

但由(14)得

$$\int_0^{\infty}P_0(h_a > t)dt = E_0(h_a) = \frac{a^2}{n}$$

故

$$E_0\alpha_r = \frac{(n-2)r^{n-2}}{n}\int_r^{\infty}\frac{da}{a^{n-3}} = \frac{n-2}{n(n-4)}r^2$$

于是对同一 n，同一半径 r，由上式及(14)得

$$E_0 h_r = \frac{r^2}{n} < E_0 T_r = \frac{r^2}{n-2} < E_0\alpha_r =$$

① 可以证明：当 $r < a \leqslant b$ 时，有

$$P_0(h_a > t, M_r \geqslant b) = P_0(h_a > t)\cdot P_0(M_r \geqslant b)$$

$$\frac{n-2}{n(n-4)}r^2 < E_0 l_r = \frac{r^2}{n-4}$$

其中 $E_0 T_r < E_0 \alpha_r$ 不是直观上可以预料的.

§13 Green 函数

(一) 上调和(superharmonic) 函数. 设 $G \subset R^n$ 为一开集,取值于$(-\infty, \infty)$,但在 G 的任一连通成分中都不恒等于 ∞ 的函数 $f(x)(x \in G)$ 称为在 G 内上调和,如果:

1° f 下连续于 G;

2° 对每一 $x \in G$,存在 $\delta > 0$,使当球 $B_\delta(x) \subset G$ 时,对每一 $0 < r < \delta$,有

$$\int_{S_r(x)} f(y) U_r(\mathrm{d}y) \leqslant f(x) \tag{1}$$

U_r 表示 $S_r(x)$ 上的均匀分布.

利用 Brown 运动,条件(1) 可改写为

$$E_x f(x_e) \leqslant f(x) \tag{2}$$

e 为 $\mathring{B}_r(x)$ 的首出时,亦即 $S_r(x)$ 的首中时.

称函数 f 在G 内下调和(subharmonic),如$-f$ 在 G 内上调和.

显然,常常在 R^n 内上(下) 调和,在 G 内调和的函数在 G 内上(下) 调和.

以下皆设 $n \geqslant 3$.

由 §4 例 1 知,$g(y-x) = \dfrac{c_n}{|y-x|^{n-2}}$ 作为 y 的函数,在 $R^n \backslash \{x\}$ 内调和,在 R^n 内为上调和.

容易证明,势 $G\mu(x)=\int g(y-x)\mu(\mathrm{d}y)$ 若不恒等于 ∞,则它在任一开集 D 内为上调和.实际上,在 §7 定理 2 之证中,已证明 $G\mu(x)$ 下连续.其次,利用 $g(y-x)$ 的上调和性,有

$$
\begin{aligned}
&\int_{S_r(x)} G\mu(y)U_r(\mathrm{d}y)= \\
&\int_{S_r(x)}\int g(z-y)\mathrm{d}\mu(z)U_r(\mathrm{d}y)= \\
&\iint_{S_r(x)} g(z-y)U_r(\mathrm{d}y)\mathrm{d}\mu(z)\leqslant \\
&\int g(z-x)\mathrm{d}\mu(z)=G\mu(x)
\end{aligned}
\tag{3}
$$

由于上调和函数的非负线性组合也为上调和,故若 $h(x)$ 为开集 D 中的调和函数,则

$$f(x)=G\mu(x)+h(x)\quad(x\in D)\tag{4}$$

也在 D 中为上调和.

有趣的是反面的结果也成立:设 $f(x)$ 在开集 D 内上调和,则 f 可表示为

$$f(x)=G_D\mu(x)+h(x)\tag{5}$$

其中 $h(x)$ 在 D 内调和,而且是在 D 内不超过 f 的最大调和函数.$G_D\mu(x)$ 为 Green 势,即

$$G_D\mu(x)=\int g_D^*(x,y)\mu(\mathrm{d}y)\tag{6}$$

其中 $g_D^*(x,y)$ 是下面即将定义的 D 的 Green 函数,而 μ 为支集且含于 D 的 Radon 测度,而且 μ 被 f 唯一决定.

式(5) 称为 f 的 Riesz 分解,它与以下各结论之证可见文献[17].

调和函数有很好的解析性质,而上调和函数则不然，甚至连续性也不能保证. 但它却可被很好的函数列所逼近. 设 $f(x)$ 在开集 D 内为上调和，D_m 为相对紧开集列，$D_m \uparrow D$，则存在有界、无穷次可微、在 D_m 内为上调和的函数 f_m，使在 D_m 内，有 $f_r \geqslant f_m(r > m)$，而且在 D 内有 $\lim\limits_{m\to\infty} f_m = f$. 若 $f \geqslant 0$，则也可取 $f_m \geqslant 0$.

上调和函数与极集有下列关系：设 f 在开集 D 内上调和，则 $\{x \in D \mid f(x) = \infty\}$ 的每一紧子集都是极集；反之，设 D 开，$B \subset D$，B 为极集，又 $x \in D \backslash B$，则存在于 D 内为上调和的函数 f，使得在 D 上 $f = \infty$，又 $f(x) < \infty$（因使 $f(x) = \infty$ 的点 x 通常称为 f 的极点，这也许是极集命名的原因）.

称定义在开集 D 内的非负函数 f 为在 D 内过分，如果它在 D 的任一连通成分内不恒等于 ∞，而且

$$E_x(f(x_t), t < e_D) \leqslant f(x) \quad (\text{任意 } t > 0)$$

$$\lim_{t\to 0} E(f(x_t), t < e_D) = f(x) \quad (e_D \text{ 为 } D \text{ 的首出时})$$

可以证明：设 $f \geqslant 0$，D 为开集，则 f 上调和于 D 的充要条件是它在 D 内过分.

此结果把上调和函数与 Brown 运动联系起来.

（二）函数 $g_B(x,y)$ 的性质. 对 $B \in \mathscr{B}^n (n \geqslant 3)$，在 §6 中定义了

$$g_B(x,y) = \int_0^\infty q_B(t,x,y)\,\mathrm{d}t \tag{7}$$

其中 $q_B(t,x,y)$ 为禁止转移密度. 直观上，$g_B(x,y)\mathrm{d}y$ 可理解为自 x 出发且到达 B 之前在 $(y, y+\mathrm{d}y)$ 中的平均停留时间. 由 §6 式(14) 得

$$\begin{aligned} g(y-x) = \int_{\overline{B}} H_B(x,\mathrm{d}z) g(y-z) + g_B(x,y) = \\ E_x g(y - x(h_B)) + g_B(x,y) \end{aligned} \tag{8}$$

上面已叙述 $g(y-x)$ 有关调和的性质，故为研究 $g_B(x,y)$，只需先研究

$$F_B(x,y)\equiv\int_{\overline{B}}H_B(x,\mathrm{d}z)g(y-z)=E_xg(y-x(h_B))\tag{9}$$

以 $F(x,\cdot)$ 表示 $F(x,y)$ 中，x 固定，y 流动.

引理 1　$F_B(x,\cdot)$ 在 R^n 内为上调和，在 $(\overline{B})^c$ 内调和.

证　由 Fatou 引理，得

$$\begin{aligned}&\varliminf_{y\to a}F_B(x,y)=\\&\varliminf_{y\to a}\int_{\overline{B}}H_B(x,\mathrm{d}z)g(y-z)\geqslant\\&\int_{\overline{B}}H_B(x,\mathrm{d}z)\varliminf_{y\to a}g(y-z)\geqslant\\&\int_{\overline{B}}H_B(x,\mathrm{d}z)g(a-z)=F_B(x,a)\end{aligned}\tag{10}$$

故 $F_B(x,\cdot)$ 下连续. 再对 $a\in R^n$ 及球 $B_r(a)$，有

$$\begin{aligned}&\int_{S_r(a)}F_B(x,z)U_r(\mathrm{d}z)=\\&\int_{S_r(a)}\int_{\overline{B}}H_B(x,\mathrm{d}v)g(z-v)U_r(\mathrm{d}z)=\\&\int_{\overline{B}}H_B(x,\mathrm{d}v)\int_{S_r(a)}g(z-v)U_r(\mathrm{d}z)\leqslant\\&\int_{\overline{B}}H_B(x,\mathrm{d}v)g(a-v)=F_B(x,a)\end{aligned}\tag{11}$$

由此得证第一个结论. 下证在 $(\overline{B})^c$ 内的调和性.

先证在 $a\notin\overline{B}$ 时，$F_B(x,\cdot)$ 有球面平均性. 取 $S_r(a)\subset(\overline{B})^c$，推理如(11)，但(11)中不等号应为等号，此因 $g(\cdot-v)$ 在 $R^n\setminus\{v\}$ 内为调和，而 $v\in\overline{B}$，故它在 $(\overline{B})^c$ 内调和. 再证 $F_B(x,\cdot)$ 的局部可积性. 由于 $\overline{B}$

闭，当 $z \in \overline{B}$ 而 y 属于紧集 $K \subset (\overline{B})^c$ 时，$g(y-z)$ 对 z 有界；由(9)知，$F_B(x,y)$ 对 $y \in K$ 也有界，从而它在 $(\overline{B})^c$ 内局部可积. 于是由 §4 定理 2 知，$F(x,\cdot)$ 在 $(\overline{B})^c$ 内调和.

引理 2　设 G_m 及 G 皆为开集，又

$$G_1 \subset \overline{G}_1 \subset G_2 \subset \overline{G}_2 \subset \cdots, \bigcup_m G_m = G \tag{12}$$

则对 $x \in G, y \in G$，有

$$\lim_{m\to\infty} F_{G_m^c}(x,y) = F_{G^c}(x,y) \tag{13}$$

证　当 m 充分大时，$x \in G_m, y \in G_m$，有

$$\begin{aligned} F_{G_m^c}(x,y) = E_x g(y - x(h_{G_m^c})) = \\ E_x g(y - x(h_{\partial G_m})) = \\ E_x[g(y - x(h_{\partial G_m})); h_{\partial G} < \infty] + \\ E_x[g(y - x(h_{\partial G_m}); h_{\partial G} = \infty)] \end{aligned} \tag{14}$$

注意 $x(h_{\partial G_m}) \in G_m^c$. 当 $y \in G_m$ 固定时，$g(y-z)$ 对 $z \in G_m^c$ 有界连续；又在 $h_{\partial G} < \infty$ 上，由 §6 引理 2 知，对 $x \in G$，P_x 几乎处处有 $x(h_{\partial G_m}) \to x(h_{\partial G})$. 由于这些原因，(14) 中最右边的第一项趋于

$$\begin{aligned} E_x[g(y - x(h_{\partial G})); h_{\partial G} < \infty] = \\ E_x[g(y - x(h_{G^c})); h_{G^c} < \infty] = F_{G^c}(x,y) \end{aligned} \tag{15}$$

在 $h_{\partial G} = \infty$ 上，$P_x(x \in G)$ 几乎处处有 $h_{\partial G_m} \uparrow \infty$，即

$$\lim_{m\to\infty} |x(h_{\partial G_m})| = \infty$$

再注意 $\lim\limits_{|x|\to\infty} g(y-x) = 0$，并利用收敛定理，知右边第二项趋于 0.

关于 $g_B(x,y)$ 的性质，在 §6 中已有叙述，今再补充如下：

(i) $g_B(x,y) < \infty (x \neq y)$；$g_B(x,x) = \infty, x \notin \overline{B}$.

事实上，由 $q_B(t,x,y) \leqslant p(t,x,y)$ 得

$$g_B(x,y) \leqslant g(x,y) < \infty \quad (x \neq y)$$

再如 $x \notin \overline{B}$，由(8) 得

$$g_B(x,x) = g(0) - \int_{\overline{B}} H_B(x,\mathrm{d}z) g(x-z)$$

$g(0)=\infty$；又当 $x \notin \overline{B}$ 时，$g(x-z)$ 对 $z \in \overline{B}$ 有界连续，故上式中积分有穷，于是 $g_B(x,x)=\infty$；

由(8) 及引理 1，立即得：

(ii) $g_B(x,\cdot)$ 上连续，在 $R^n \backslash \{x\}$ 内为下调和；

(iii) $g_B(x,y)$ 对 $y \in (\overline{B})^c - \{x\}$ 调和；

(iv) $g_B(x,y) - g(y-x)$ 对 $y \in (\overline{B})^c$ 调和；

(v) 如 $a \in B^r$，$\lim\limits_{y \to a} g_B(x,y) = g_B(x,a) = 0$.

事实上，由(ii) 及 §6 中 7)，得

$$0 \leqslant \varlimsup_{y \to a} g_B(x,y) \leqslant g_B(x,a) = 0$$

(三)Green 函数. 设 G 为非空开集，定义在 $G \times G$ 上的非负函数 $g_G^*(x,y)$ 称为 G 的 Green 函数，如果：

1) $g_G^*(x,y) - g(y-x)$ 对 y 在 G 内调和；

2) 若另一 $u(x,y) \geqslant 0 (x \in G, y \in G)$ 也使 $u(x,y) - g(y-x)$ 对 y 在 G 内调和，则

$$u(x,y) \geqslant g_G^*(x,y) \tag{16}$$

下面的定理是 Brown 运动与势论间的一个重要联系.

定理 1　开集 G 的 Green 函数 g_G^* 等于 g_{G^c} 在 $G \times G$ 上的限制，即

$$g_G^*(x,y) = g_{G^c}(x,y) \quad (x \in G, y \in G) \tag{17}$$

证　1° 由性质(iv) 立即得证 $g_{G^c}(x,y)$ 满足 1).

2° 任取一个满足 2) 中条件的 $u(x,y)$，往证

$$u(x,y) \geqslant g_{G^c}(x,y) \quad (x \in G, y \in G) \tag{18}$$

先设 G 有界且 $\partial G \subset (G^c)^r$. 由(v) 知,对 $a \in \partial G$, 有

$$\varliminf_{y\to a}[u(x,y) - g_{G^c}(x,y)] = \varliminf_{y\to a} u(x,y) \geqslant 0$$

由(iv) 知,既然

$$u(x,y) - g_{G^c}(x,y) = [u(x,y) - g(y-x)] - [g_{G^c}(x,y) - g(y-x)]$$

对 $y \in G$ 调和,故由 §4 极大原理,即得(18).

3° 设 G 为任意开集. 由 §6 引理 2 知,存在有界开集列 $\{G_m\}$,使

$$G_m \subset G, G_1 \subset \overline{G}_1 \subset G_2 \subset \overline{G}_2 \cdots, \bigcup_m G_m = G$$

而且 $\partial G_m \subset (G_m^c)^r$. 由于 G_m 有界,由 2° 有

$$u(x,y) \geqslant g_{G_m^c}(x,y) \quad (x \in G_m, y \in G_m) \tag{19}$$

因此,如能证 $g_{G_m^c}(x,y) \to g_{G^c}(x,y)(x \in G, y \in G)$, 则(18) 成立而定理证毕.

为此,先设 $x = y \in G$. 对充分大的 m,有 $x = y \in G_m$. 由(i) 得

$$\infty = g_{G_m^c}(x,x) \uparrow g_{G^c}(x,x) = \infty$$

再设 $x \in G, y \in G, x \neq y$. 对充分大的 m,有 $y \in G_m$. 由(8) 得

$$g_{G_m^c}(x,y) = g(y-x) - F_{G_m^c}(x,y)$$
$$g_{G^c}(x,y) = g(y-x) - F_{G^c}(x,y)$$

由此及引理 2 即得所欲证.

作为用概率方法求 Green 函数之例,考虑开球 $G = \mathring{B}_r$,试证它的 Green 函数为

$$g_G^*(x,y) = g(y-x) - \left(\frac{r}{|y|}\right)^{n-2} g(y^* - x) \quad (n \geqslant 3) \tag{20}$$

其中 $x \in G, 0 \neq y \in G$,又 y^* 由 y 经 Kelvin 变换(相

对于圆周 S_r 的反演）而来，即

$$y^* = \frac{r^2 y}{|y|^2} \quad (y \neq 0) \tag{21}$$

实际上，由定理1及(8)，得

$$g_G^*(x,y) = g(y-x) - E_x g(y - x(h_{G^c})) \tag{22}$$

设 $z = x(h_{G^c}) \in S_r$. 利用关系式 $z \in S_r$，有

$$\frac{|z-y^*|}{|z-y|} = \frac{r}{|y|} \quad (y \neq 0)$$

得

$$g(y-z) = \frac{c_n}{|y-z|^{n-2}} = \left(\frac{r}{|y|}\right)^{n-2} g(y^* - z)$$

由于 $g(y^* - x)$ 对 $x \in R^n - \{y^*\}$ 调和，由 §4 式(5)得

$$E_x g(y - x(h_{G^c})) =$$

$$\left(\frac{r}{|y|}\right)^{n-2} E_x g(y^* - x(h_{G^c})) =$$

$$\left(\frac{r}{|y|}\right)^{n-2} g(y^* - x)$$

由此及(22)即得(20).

同理可证 $G=(B_r)^c$ 的 Green 函数也由(20)给出.

二维 Brown 运动与对数位势

第2章

§1 对数位势的基本公式

（一）对于一、二维 Brown 运动，有 $g(x,y)=\infty$（见第1章 §2 式(8)），故需考虑另一势核 $k(x,y)$. 结果发现，$k(x,y)$ 是对数函数，由它而建立对数位势. 对数势与 Newton 势的理论在许多问题上是平行的.

本章中无特别声明时，恒设 $n=2$. 仍令

$$g^{\lambda}(x)=\int_0^{\infty}\mathrm{e}^{-\lambda t}p(t,x)\mathrm{d}t$$

$$p(t,x)=\frac{1}{2\pi t}\mathrm{e}^{-\frac{|x|^2}{2t}}$$

任意固定一点 $u \in R^2$，使 $|u|=1$（例如，可取 $u=(1,0)$）. 对任意 $x \in R^2$，$y \in R^2$，定义

$$k^\lambda(x)=g^\lambda(u)-g^\lambda(x),\ k^\lambda(x,y)=k^\lambda(y-x) \tag{1}$$

显见 $k^\lambda(x,y)=k^\lambda(y,x)$，又

$$k^\lambda(x)=\int_0^\infty e^{-\lambda t}[p(t,u)-p(t,x)]dt=$$
$$\frac{1}{2\pi}\int_0^\infty e^{-\lambda t}\left(e^{-\frac{1}{2t}}-e^{-\frac{|x|^2}{2t}}\right)\frac{dt}{t} \tag{2}$$

由此知

$$k^\lambda(x)=\begin{cases}0, \text{如 } |x|=1 \\ >0, \text{如 } |x|>1, \text{此时 } k^\lambda(x) \text{ 随 } \lambda\downarrow 0 \text{ 而上升} \\ <0, \text{如 } |x|<1, \text{此时 } k^\lambda(x) \text{ 随 } \lambda\downarrow 0 \text{ 而下降}\end{cases} \tag{3}$$

于是存在极限

$$\lim_{\lambda\downarrow 0} k^\lambda(x)\equiv k(x) \tag{4}$$

这个收敛性具有下列性质：

1）单调性：当 $\lambda\downarrow 0$ 时，有

$$k^\lambda(x)\uparrow k(x), \text{如 } |x|\geqslant 1$$
$$-k^\lambda(x)\uparrow -k(x), \text{如 } |x|\leqslant 1$$

2）$k^\lambda(x)$ 及 $k(x)$ 在 $x\neq 0$ 时连续（这由下面 $k(x)$ 的表达式可见），故在不含 0 的紧集上，收敛是均匀的.

现在来求 $k(x)$. 交换积分次序，得

$$k(x)=\frac{1}{2\pi}\int_0^\infty \left(e^{-\frac{1}{2t}}-e^{-\frac{|x|^2}{2t}}\right)\frac{dt}{t}=$$
$$\frac{1}{2\pi}\int_0^\infty \left(e^{-t}-e^{-|x|^2 t}\right)\frac{dt}{t}=$$
$$\frac{1}{2\pi}\int_0^\infty \left(\int_t^{|x|^2 t} e^{-s}ds\right)\frac{dt}{t}=$$
$$\frac{1}{2\pi}\int_0^\infty \left(\int_0^\infty \chi_{[t,|x|^2 t]}(s)\frac{dt}{t}\right)e^{-s}ds=$$

$$\frac{1}{2\pi}\int_0^\infty \left[\int_{\frac{s}{|x|^2}}^{s} \frac{\mathrm{d}t}{t}\right] \mathrm{e}^{-s}\mathrm{d}s \tag{5}$$

故

$$k(x)=\frac{1}{\pi}\log|x| \quad (x\in R^2) \tag{6}$$

$$k(x,y)=\lim_{\lambda\downarrow 0}k^\lambda(x,y)=\frac{1}{\pi}\log|x-y| \quad (x,y\in R^2) \tag{7}$$

称 $k(x,y)(=k(y-x)=k(x-y))$ 为对数势的核.

对 $B\in\mathscr{B}^2$,由 §6 式(6) 得

$$E_x\mathrm{e}^{-\lambda h_B}=H_B^\lambda(x,\overline{B}) \tag{8}$$

$$g^\lambda(u)=\int_{\overline{B}}H_B^\lambda(x,\mathrm{d}z)g^\lambda(u)+g^\lambda(u)[1-E_x\mathrm{e}^{-\lambda h_B}] \tag{9}$$

又首次通过公式的拉氏变换为

$$g^\lambda(y-x)=\int_{\overline{B}}H_B^\lambda(x,\mathrm{d}z)g^\lambda(y-z)+g_B^\lambda(x,y) \tag{10}$$

自(10) 减去(9),得

$$k^\lambda(y-x)=\int_{\overline{B}}H_B^\lambda(x,\mathrm{d}z)k^\lambda(y-z)-g_B^\lambda(x,y)+L_B^\lambda(x) \quad (x,y\in R^2) \tag{11}$$

其中

$$L_B^\lambda(x)=g^\lambda(u)[1-E_x\mathrm{e}^{-\lambda h_B}] \tag{12}$$

显然,$L_B^\lambda(x)\geqslant 0$,而且当 $x\in B^r$ 时,$L_B^\lambda(x)=0$. 本节的主要目的是证明:若 B 非极集,则可在(11) 中令 $\lambda\downarrow 0$ 而得到下列式(13),称它为对数势的基本公式.

定理 1 设 B 为非极集. 则:

(i) $g_B(x,y)<\infty(x\neq y)$;

(ii) 存在极限$\lim\limits_{\lambda\downarrow 0} L_B^{\lambda}(x)=L_B(x)<\infty(x\in R^2)$；

(iii) 对 $x\neq y$，有

$$k(y-x)=\int_{\bar{B}}H_B(x,\mathrm{d}z)k(y-z)-g_B(x,y)+L_B(x)\tag{13}$$

为了证明，需先证若干引理. 我们先作一些说明. 要在积分号下取极限，可以利用单调收敛定理或被积函数列在紧集上的均匀收敛性. 因此，我们先对相对紧集证明定理 1，然后考虑一般的 B. 对 $A\in\mathscr{B}^n$，令

$$g_B^{\lambda}(x,A)=\int_A g_B^{\lambda}(x,y)\mathrm{d}y\quad(\lambda\geqslant 0)\tag{14}$$

引理 1　设 $B\in\mathscr{B}^n(n\geqslant 1)$ 为非极集，又 A 为相对紧集，则

$$g_B^{\lambda}(x,A)\uparrow g_B(x,A)=E_x\int_0^{h_B}\chi_A(x_t)\mathrm{d}t\quad(\lambda\downarrow 0)\tag{15}$$

$$\sup_{x\in R^n}E_x\int_0^{h_B}\chi_A(x_t)\mathrm{d}t<\infty\tag{16}$$

证　由单调收敛定理及

$$g_B^{\lambda}(x,A)=\int_A\int_0^{\infty}\mathrm{e}^{-\lambda t}q_B(t,x,y)\mathrm{d}t\mathrm{d}y=\int_0^{\infty}\mathrm{e}^{-\lambda t}P_x(h_B>t,x_t\in A)\mathrm{d}t$$

即得(15) 中左式. 又

$$g_B(x,A)=\int_0^{\infty}P_x(h_B>t,x_t\in A)\mathrm{d}t=E_x\int_0^{h_B}\chi_A(x_t)\mathrm{d}t$$

设 $n\geqslant 3$，取球 $B_r\supset A$. 由 §1 引理 2，知

$$g_B(x,A)\leqslant\int_0^{\infty}P_x(x_t\in A)\mathrm{d}t\leqslant$$

$$\int_0^{\infty}\int_{B_r} p(t,x,y)\mathrm{d}y\mathrm{d}t =$$

$$\int_{B_r} \frac{c_n}{|x-y|^{n-2}}\mathrm{d}y < A_n$$

其中 c_n，A_n 为常数，故此时(16)成立.

今设 $n \leqslant 2$. 任取 $a \in R^2$，必存在 $t_0 > 1$ 使

$$P_a(x_s \in B, \text{对某 } s \in (1,t_0)) =$$

$$\int p(1,y-a)P_y(h_B \leqslant t_0 - 1)\mathrm{d}y > 0 \tag{17}$$

其中 $\int = \int_{R^2}$. 否则，若说上式对一切 $t_0 > 1$ 都为 0，则

$$P_a(h_B < \infty) =$$

$$\int p(1,y-a)P_y(h_B < \infty)\mathrm{d}y =$$

$$\lim_{t\to\infty}\int P(1,y-a)P_y(h_B \leqslant t-1)\mathrm{d}y = 0$$

故由第 1 章 §6 注 1，知 $P_x(h_B < \infty) \equiv 0$. 此与 B 非极集矛盾.

由(17)知，存在紧集 F，有正 Lebesgue 测度，使

$$P_y(h_B \leqslant t_0 - 1) > 0 \quad (y \in F) \tag{18}$$

因 $p(1,x)$ 连续且严格大于 0，故 $p(1,y-x)$ 对 $y \in F$，$x \in A$ 的下确界大于 0. 于是由(18)，得

$$\inf_{x\in A} P_x(h_B \leqslant t_0) \geqslant$$

$$\inf_{x\in A}\int_F p(1,y-x)P_y(h_B \leqslant t_0 - 1)\mathrm{d}y =$$

$$\delta > 0 \tag{19}$$

其中 δ 为某正数. 令

$$C = \{t \mid x_t \in A, h_B > t\}, I_j = [jt_0, (j+1)t_0]$$

定义下标集 $D = \{j \mid I_j \cap C \text{ 非空}\}$. 故若 $j' \in D$，则必存在 $t \in [j't_0, (j'+1)t_0]$，$t < h_B$，使 $x_t \in A$. 把 D 排

为 $j_1 < j_2 < \cdots$. 定义时刻 $T_1 < T_2 < \cdots$ 为：

$T_1 = \inf\{t \mid t \in C\}$，如右方集非空，否则令 $T_1 = \infty$；

$T_{n+1} = \inf\{t \mid t \in C; t \geqslant j_n t_0\}$，如右方集非空，否则令 $T_{n+1} = \infty$.

由定义知，若 $T_{n+1} < \infty$，则 T_{n+1} 是 $[j_n t_0, h_B]$ 中首中 A 的时刻. 以 $N(\leqslant \infty)$ 表示 D 中元的个数. 则

$$\begin{aligned}
&P_x(n < N \leqslant n+2) = \\
&P_x(T_n < \infty, T_{n+2} = \infty) \geqslant \\
&P_x(T_n < \infty, h_B \leqslant T_n + t_0) = \\
&\int_A P_x(T_n < \infty, X(T_n) \in \mathrm{d}z) P_z(h_B \leqslant t_0) \geqslant \\
&\delta P_x(T_n < \infty) = \delta P_x(N > n)
\end{aligned}$$

$$P_x(N > n+2) \leqslant (1-\delta) P_x(N > n)$$

$$\begin{aligned}
E_x N = \sum_{n=0}^{\infty} P_x(N > n) = \sum_{n=0}^{\infty} P_x(N > 2n) + \\
\sum_{n=0}^{\infty} P_x(N \geqslant 2n+1) < \frac{2}{\delta} < \infty
\end{aligned}$$

以 $|C|$ 表示 C 的 Lebesgue 测度，得

$$\begin{aligned}
&\sup_x E_x \int_0^{h_B} \chi_A(x_t)\,\mathrm{d}t = \sup_x E_x |C| \leqslant \\
&\sup_x E_x \left| \bigcup_{j \in D} I_j \right| = \sup_x t_0 E_x N < \infty
\end{aligned}$$

注 1　由第 1 章 §6(二) 知，当 $n=1$ 时，引理 1 对任意非空的 $B \in \mathscr{B}^1$ 正确.

引理 2　设两可测集 $C \subset B$，则

$$g_C(x, y) \geqslant g_B(x, y) \quad (x, y \in R^2) \tag{20}$$

证　$h_C \geqslant h_B$，故对任意 $A \in \mathscr{B}^2$，有

$$P_x(h_C > t, x_t \in A) = P_x(h_B > t, x_t \in A)$$

因而

$$q_C(t,x,y) \geqslant q_B(t,x,y) \quad (\text{a. e. } y) \qquad (21)$$

$$\int q_C(t-\varepsilon,x,z)p(\varepsilon,y-z)\mathrm{d}z \geqslant$$

$$\int q_B(t-\varepsilon,x,z)p(\varepsilon,y-z)\mathrm{d}z$$

令 $\varepsilon \downarrow 0$，即得知(21)对一切 y 成立. 将(21)两边对 t 自 0 至 ∞ 积分即得(20).

引理 3　设 $B \in \mathscr{B}^2$，则

$$\lim_{\lambda \downarrow 0}\int_{\overline{B}} H_B^{\lambda}(x,\mathrm{d}z)k^{\lambda}(y-z) =$$

$$\int_{\overline{B}} H_B(x,\mathrm{d}z)k(y-z) \qquad (22)$$

证　若 B 为极集，则 $H_B^{\lambda}(x,A) = H_B(x,A) = 0(A \in \mathscr{B}^2)$ 而不需证明. 设 B 为非极集，令 $D = \{z \mid |y-z| \leqslant 1\}$，则

$$\int_{\overline{B}} H_B^{\lambda}(x,\mathrm{d}z)k^{\lambda}(y-z) =$$

$$E_x \mathrm{e}^{-\lambda h_B}k^{\lambda}(y-x(h_B))\chi_{D^c}(x(h_B)) -$$

$$E_x \mathrm{e}^{-\lambda h_B}[-k^{\lambda}(y-x(h_B))\chi_D(x(h_B))] =$$

$$(\text{Ⅰ})-(\text{Ⅱ}) \quad (\text{设})$$

当 $\lambda \downarrow 0$ 时，由上述单调收敛性知，(Ⅰ)(Ⅱ)分别收敛于对应于 $\lambda=0$ 的类似式($k^0(y) \equiv k(y)$)，故得证(22).

注 2　若 B 为相对紧集，则

$$-\infty < \int_{\overline{B}} H_B(x,\mathrm{d}z)k(y-z) < \infty \qquad (23)$$

$\left(\text{以下简记}\int_F H_B(x,\mathrm{d}z)k(y-z)\text{ 为}\int_F\right)$.

实际上，因 $k(y-z)$ 对 $z \in \overline{B} \cap D^c$ 有界，故 $\int_{\overline{B}\cap D^c}$ 有限；其次，当 $\lambda \downarrow 0$ 时，(Ⅱ) $\uparrow$ $-\int_{\overline{B}\cap D} \leqslant \infty$，而

(Ⅱ) $>-\infty$,故 $-\infty \leqslant \int_{\overline{B}\cap D} < \infty$. 于是 $-\infty \leqslant \int_{\overline{B}} < \infty$. 又由下面引理 4 之证知,“$-\infty \leqslant$”可改为“$-\infty <$”.

引理 4　设 B 为相对紧集,非极集,则定理 1 成立.

证　取紧集 A,使 $A \cap \overline{B} = \varnothing$,而且有正 Lebesgue 测度 $|A|$. 将(11)两边对 $y \in A$ 积分,得

$$|A| L_B^\lambda(x) = \int_A k^\lambda(y-x)\mathrm{d}y - \int_{\overline{B}} H_B^\lambda(x,\mathrm{d}z)\int_A k^\lambda(y-z)\mathrm{d}z + g_B^\lambda(x,A) \tag{24}$$

令 $\lambda \downarrow 0$ 而分别考虑各项,由引理 1,得

$$g_B^\lambda(x,A) \uparrow g_B(x,A) < \infty \tag{25}$$

又由

$$\int_A k^\lambda(y-x)\mathrm{d}y = \frac{1}{2\pi}\int_0^\infty \mathrm{e}^{-\lambda t}\left[\int_A \left(\mathrm{e}^{-\frac{1}{2t}} - \mathrm{e}^{-\frac{|y-x|^2}{2t}}\right)\mathrm{d}y\right]\frac{\mathrm{d}t}{t} \tag{26}$$

及对 $\int_A k(y-x)\mathrm{d}y$ 的类似展开式,可见

$$\lim_{\lambda \downarrow 0}\int_A k^\lambda(y-x)\mathrm{d}y = \int_A k(y-x)\mathrm{d}y \tag{27}$$

在紧集上均匀成立. 因 $\overline{B}$ 紧,有

$$\lim_{\lambda \downarrow 0}\int_{\overline{B}} H_B^\lambda(x,\mathrm{d}z)\int_A k^\lambda(y-z)\mathrm{d}y = \int_{\overline{B}} H_B(x,\mathrm{d}z)\int_A k(y-z)\mathrm{d}y \tag{28}$$

由(25)(27)(28)知(24)右边有有限极限,故存在有限极限

$$\lim_{\lambda \downarrow 0} L_B^\lambda(x) \equiv L_B(x) \tag{29}$$

再由(11)，对 $x \neq y$，知存在有限极限

$$\lim_{\lambda \downarrow 0}\left[-g_B^\lambda(x,y)+\int_{\bar{B}} H_B^\lambda(x,\mathrm{d}z)k^\lambda(y-z)\right]=$$
$$k(y-x)-L_B(x) \tag{30}$$

今 $0 \leqslant g_B^\lambda(x,y) \uparrow g_B(x,y) \leqslant \infty$，而由(22)(23) 得

$$-\infty \leqslant \lim_{\lambda \downarrow 0}\int_{\bar{B}} H_B^\lambda(x,\mathrm{d}z)k^\lambda(y-z)=$$
$$\int_{\bar{B}} H_B(x,\mathrm{d}z)k(y-z)<\infty$$

故对 $x \neq y$ 必有

$$g_B(x,y)<\infty$$
$$\int_{\bar{B}} H_B(x,\mathrm{d}z)k(y-z)>-\infty$$

以及(13) 成立.

定理 1 之证　因 B 非极集，必有相对紧子集 $A \subset B$，而且 A 也非极集. 由引理 2 及引理 4，得

$$g_B(x,y) \leqslant g_A(x,y)<\infty \quad (x \neq y) \tag{31}$$
$$L_B^\lambda(x)=g^\lambda(u)[1-E_x \mathrm{e}^{-\lambda h_B}] \leqslant$$
$$g^\lambda(u)[1-E_x \mathrm{e}^{-\lambda h_A}]=L_A^\lambda(x)$$
$$0 \leqslant \lim_{\lambda \downarrow 0} L_B^\lambda(x) \leqslant L_A(x)<\infty \tag{32}$$

由(11)，对 $x \neq y$，知存在有限极限

$$\lim_{\lambda \downarrow 0}\left[\int_{\bar{B}} H_B^\lambda(x,\mathrm{d}z)k^\lambda(y-z)+L_B^\lambda(x)\right]=$$
$$k(y-x)+g_B(x,y)$$

由此及(32)(22)，知必存在有限极限

$$\lim_{\lambda \downarrow 0}\int_{\bar{B}} H_B^\lambda(x,\mathrm{d}z)k^\lambda(y-z)=$$
$$\int_{\bar{B}} H_B(x,\mathrm{d}z)k(y-z) \tag{33}$$

因而也必存在有限极限

$$\lim_{\lambda \downarrow 0} L_B^{\lambda}(x) = L_B(x) \quad (x \in R^2) \tag{34}$$

并且(13) 成立.

注 3　若 $E_x h_B < \infty (x \in R^2)$,则有

$$L_B(x) \equiv 0 \tag{35}$$

实际上

$$L_B^{\lambda}(x) = \lambda g^{\lambda}(u) E_x \left(\frac{1 - \mathrm{e}^{-\lambda h_B}}{\lambda} \right) \tag{36}$$

当 $\lambda > 0$ 充分小时,括号中函数被 h_B 所控制,故当 $\lambda \downarrow 0$ 时,有

$$E_x \left(\frac{1 - \mathrm{e}^{-\lambda h_B}}{\lambda} \right) \to E_x h_B < \infty$$

$$\lambda g^{\lambda}(u) \to 0$$

故 $L_B(x) \equiv 0$. 特别地,若 B^c 为相对紧集,则由第 1 章 §3 注 1,有 $E_x h_B < \infty (x \in R^2)$. 其次,由(36) 知

$$L_B^{\lambda}(x) = 0, L_B(x) = 0 \quad (如\ x \in B^r) \tag{37}$$

最后,若 B 紧,又 $x \notin B$,则由(36) 知,$L_B^{\lambda}(x) = L_{\partial B}^{\lambda}(x)$,故此时

$$L_B(x) = L_{\partial B}(x) \tag{38}$$

注 4　若 $B \in \mathscr{B}^2$ 为极集,则 $P_x(h_B = \infty) \equiv 1$. 由(36),令 $\lambda \downarrow 0$,则自然应定义 $L_B(x) \equiv \infty$.

§2　平面 Green 函数

(一) 利用 §1 定理 1,容易讨论 $g_B(x, y)$ 的一些性质,其中 $B \in \mathscr{B}^2$ 为非极集. 由 §1 式(13) 得

$$g_B(x, y) = \int_{\overline{B}} H_B(x, \mathrm{d}z) k(y - z) - k(y - x) + L_B(x) \tag{1}$$

$$k(x,y)=\frac{1}{\pi}\log|x-y| \tag{2}$$

由第1章 §4 例1知，$k(x,y)$ 对 y 在 $R^2-\{x\}$ 中调和，在 R^2 内下调和. 令

$$F_B(x,y)\equiv\int_{\overline{B}}H_B(x,\mathrm{d}z)k(y-z)=E_xk(y-x(h_B)) \tag{3}$$

引理1 函数 $F_B(x,\cdot)$ 在 R^2 内为下调和，在 $(\overline{B})^c$ 内调和.

此引理的证全同于第1章 §13 引理1之证，因为 $k(y-z)$ 具有那里对 $g(y-z)$ 所需的相应性质.

定理1 设 $B\in\mathscr{B}^2$ 非极集，则：

(i) $0\leqslant g_B(x,y)<\infty(x\neq y)$；

(ii) $g_B(x,y)$ 对 $y\in R^2-\{x\}$ 上连续、下调和；

(iii) $g_B(x,y)$ 对 $y\in(\overline{B})^c-\{x\}$ 调和；

(iv) $g_B(x,y)+k(y-x)$ 对 $y\in(\overline{B})^c$ 调和；

(v) $\lim\limits_{y\to a}g_B(x,y)=g_B(x,a)=0$，如 $a\in B^r$.

证 由 §1 定理1得(i). 对 $y\in R^2-\{x\}$，有 $k(x,y)$ 调和，而 $F_B(x,y)$ 下调和，故由式(1)得(ii). 同样证明(iii)(iv). (v) 之证同第1章 §13(v) 之证.

（二）称开集 G 为 Green 集，如存在 $G\times G$ 上之函数 $h(x,y)$，使 $h(x,y)+k(y-x)$ 对 $y\in G$ 调和. 此时称函数 $h(x,y)$ 具有性质 $H(G)$. 如 G 为 Green 集，具有性质 $H(G)$ 的最小函数称为 G 的 Green 函数.

在第1章 §13 中已知当 $n\geqslant 3$ 时，任一开集有 Green 函数，而且限制在 $G\times G$ 上的 g_{G^c} 是它的 Green 函数. 下面的定理表示，对 $n=2$，只有当 G^c 相当"大"(或 G 相当"小") 时，G 才是 Green 集.

定理 2　开集 G 为 Green 集的充要条件是 G^c 为非极集. 这时限制在 $G\times G$ 上的函数 g_{G^c} 是 G 的 Green 函数.

证　充分性:由定理 1(iv) 知,$g_{G^c}(x,y)+k(y-x)$ 对 $y\in G^c$ 调和,故只要证 g_{G^c} 是具有性质 $H(G)$ 的最小函数.

先考虑 G 有界,并且每点 $x\in\partial G$ 对 G^c 规则的情形. 设 h 为任一具有性质 $H(G)$ 的函数,由定理 1(v),得

$$\varliminf_{y\to a}[h(x,y)-g_{G^c}(x,y)]=\varliminf_{y\to a}g(x,y)\geqslant 0$$

$$a\in\partial G\subset(G^c)^r$$

故由第 1 章 §4 极小原理,知 $h(x,y)\geqslant g_{G^c}(x,y)\geqslant 0$,$y\in G$.

今考虑任意开集 G. 由第 1 章 §6 引理 2 知,存在有界开集列 $\{G_n\}$,使

$$G_1\subset\overline{G}_1\subset G_2\subset\cdots,\ \bigcup_n G_n=G$$

又 ∂G_n 的点对 G_n^c 规则,而且 $P_x(h_{\partial G_n}\uparrow h_{\partial G})=1(x\in G)$.

由 §1 引理 2 知,存在极限 $g^*(x,y)$,有

$$g_{G_n^c}(x,y)\uparrow g^*(x,y)\leqslant g_{G^c}(x,y)\tag{4}$$

因 G^c 非极集,故 $g^*(x,y)\leqslant g_{G^c}(x,y)<\infty(x\neq y)$. 下证

$$g^*(x,y)=g_{G^c}(x,y)\tag{5}$$

任取可测函数 $f\geqslant 0$. 对 $x\in G$,有 $P_x(h_{G_n^c}=h_{\partial G_n})=1$,$P_x(h_{G^c}=h_{\partial G})=1$($n$ 充分大),故 $P_x(h_{G_n^c}\uparrow h_{G^c})=1$,且有

$$E_x\int_0^{h_{G_n^c}}f(x_t)\mathrm{d}t\uparrow E_x\int_0^{h_{G^c}}f(x_t)\mathrm{d}t=$$

$$\int_{R^2} g_{G^c}(x,y)f(y)\mathrm{d}y$$

另一方面,由单调收敛定理得

$$E_x\int_0^{h_{G_n^c}} f(x_t)\mathrm{d}t=\int_{R^2} g_{G_n^c}(x,y)f(y)\mathrm{d}y \uparrow \int_{R^2} g^*(x,y)f(y)\mathrm{d}y \tag{6}$$

比较这两式即知(5) 对 a. e. y 成立. 下证(5) 对一切 y 都成立.

根据定理 1(iv),有 $g_{G_n^c}(x,y)+k(y-x)$ 对 $y\in G_n$ 调和;又 $g_{G_n^c}(x,y)\uparrow g^*(x,y)$,$g^*(x,y)<\infty$ $(x\neq y)$. 故由 Harnack 定理知,$g^*(x,y)+k(y-x)$ 对 $y\in G$ 调和,因而连续. 另一方面,定理 1(iv) 表明,$g_{G^c}(x,y)+k(y-x)$ 对 $y\in G$ 也调和、连续,故由式(5) 几乎处处成立即得其对一切$(x,y)\in G\times G$ 成立. 下面利用此结果证明 g_{G^c} 的最小性.

任取具有性质 $H(G)$ 的函数 $h(x,y)$,$(x,y)\in G\times G$. 因在 G_n 上,h 也有性质 $H(G_n)$,故由上面对有界开集的证明,知

$$g_{G_n^c}(x,y)\leqslant h(x,y),(x,y)\in G_n\times G_n$$

由(5) 知,对$(x,y)\in G\times G$,有

$$g_{G^c}(x,y)=g^*(x,y)=\lim_{n\to\infty} g_{G_n^c}(x,y)\leqslant h(x,y)$$

必要性:即要证若 G^c 为极集,则 G 非 Green 集. 否则,若说 G 为 Green 集,则如上所述,对任一具有性质 $H(G)$ 的函数 $h(x,y)$,有

$$g^*(x,y)\leqslant h(x,y)<\infty \quad (x\neq y) \tag{7}$$

任取不恒为 0、非负的连续函数 $f(x)$. 因 G^c 为极集,故由二维 Brown 运动的常返性可见

$$E_x\int_0^{h_{G_n^c}} f(x_t)\mathrm{d}t \uparrow E_x\int_0^{h_{G^c}} f(x_t)\mathrm{d}t=$$

$$E_x\int_0^\infty f(x_t)\mathrm{d}t=\infty$$

由此与(6)得

$$\int_{R^2} g^*(x,y)f(y)\mathrm{d}y=\infty$$

既然 $f(x)$ 任意，那么 $g^*(x,y)=\infty$，a. e. y. 此与(7)矛盾.

§3　对　数　势

(一) 设 μ 为有界测度，有紧支集为 C. 函数

$$K\mu(x)\equiv-\int_C k(y-x)\mu(\mathrm{d}y)=\frac{1}{\pi}\int_C\log\frac{1}{|y-x|}\mu(\mathrm{d}y) \tag{1}$$

称为 μ 的势.

由第 1 章 §4 例 1 知，$-k(y-x)$ 作为 y 的函数，在 $R^2-\{x\}$ 内调和，在 R^2 内为上调和，故仿照第 1 章 §13 引理 1 之证，知 $K\mu(x)$ 在 R^2 内为上调和，在 C^c 内为调和.

设 B 为任一相对紧集，但非极集，自 z 出发，其首中点分布记为

$$H_B(z,\mathrm{d}y)=P_z(x(h_B)\in\mathrm{d}y) \tag{2}$$

令 $B_r=\{x\mid|x|\leqslant r\}$，$S_r=\{x\mid|x|=r\}$，$r>0$. 取 r 充分大，使 $\mathring{B}_r\supset B$. 以 U_r 表示 S_r 上的均匀分布，定义测度 μ_B 为

$$\mu_B(\mathrm{d}y)=\int_{S_r}H_B(z,\mathrm{d}y)U_r(\mathrm{d}z) \tag{3}$$

由轨道的连续性及(3)可知,若 B 紧,则 $\mu_B = \mu_{\partial B}$.

定理 1 设 B 为相对紧集,非极集,则

$$\lim_{|y|\to\infty} g_B(x,y) = L_B(x) \tag{4}$$

$$\lim_{|x|\to\infty} g_B(x,y) = L_B(y) \tag{5}$$

又在强收敛意义下,有

$$\lim_{|x|\to\infty} H_B(x,\mathrm{d}y) = \mu_B(\mathrm{d}y) \tag{6}$$

证 在任意紧集上,对 x 均匀地有

$$k(y-x) - k(y) = \frac{1}{\pi}\log\left|\frac{y-x}{y}\right| \to 0$$
$$(|y| \to \infty) \tag{7}$$

由 §1 定理 1 知,对 $x \neq y$,有

$$k(y-x) - \int_{\overline{B}} H_B(x,\mathrm{d}z)k(y-z) =$$
$$-g_B(x,y) + L_B(x) \tag{8}$$

上式左边对任意紧集中的 x,均匀地有

$$[k(y-x) - k(y)] - \int_{\overline{B}} H_B(x,\mathrm{d}z) \cdot$$
$$[k(y-z) - k(y)] \to 0 \quad (|y| \to \infty)$$

故左边同样地也趋于 0,从而得证(4).由对称性 $g_B(x,y) = g_B(y,x)$ 得证(5).

由第 1 章 §5 式(18),得

$$H_{S_r}(x,\mathrm{d}y) = \frac{|x|^2 - r^2}{|y-x|^2} U_r(\mathrm{d}y) \quad (x \notin S_r) \tag{9}$$

仿照第 1 章 §8 引理 1 之证,知在测度的强收敛下有

$$\lim_{|x|\to\infty} H_{S_r}(x,\mathrm{d}y) = U_r(\mathrm{d}y) \tag{10}$$

由强马氏性及(3),对 $x \notin B_r$,有

$$|H_B(x,A) - \mu_B(A)| =$$

$$\left|\int_{S_r} H_{S_r}(x,\mathrm{d}y) H_B(y,A) - \int_{S_r} U_r(\mathrm{d}y) H_B(y,A)\right| \leqslant$$

$$\int_{S_r} | H_{S_r}(x,\mathrm{d}y) - U_r(\mathrm{d}y) | \tag{11}$$

对一切 $A \in \mathscr{B}^2$ 成立,故由(10) 知,(6) 在强收敛意义下正确.

直观地,式(10) 可理解为自 ∞ 出发,首中 S_r(或 B_r) 的点的分布为均匀分布,这与自 0 出发,S_r(或 B_r^c) 的首中点的分布相同. 而(6) 则表示:自 ∞ 出发,B 的首中点的分布为 μ_B(比较第 1 章 §8 式(7)). 又(4) 可理解为:自 x 出发,在首中 B 以前,在"∞ 远的单位面积的邻域"中的平均停留时间约为 $L_B(x)$,对(5) 也可做类似的解释:自 ∞ 出发,在首中 B 以前,在 y 的单位面积的领域中的平均停留时间约为 $L_B(y)$.

以后还会看到,在位势论中,应把 μ_B 看成 B 的平衡分布.

定理 2　设 B 为相对紧集,则存在有限极限

$$\lim_{|x|\to\infty} [L_B(x) - k(x)] = R(B) \tag{12}$$

而且 μ_B 的势 $K\mu_B$ 满足

$$K\mu_B(x) = R(B) - L_B(x) \tag{13}$$

证　由 §1 定理 1,得

$$k(y-x) - k(x) - \int_{\overline{B}} H_{\overline{B}}(x,\mathrm{d}z)k(y-z) +$$

$$g_B(x,y) = L_B(x) - K(x) \tag{14}$$

右边与 y 无关. 若 $\overline{B}$ 紧,$y \notin \overline{B}$,则 $k(y-z)$ 对 $z \in \overline{B}$ 有界. 故由定理 1,得

$$\lim_{|x|\to\infty} \int_{\overline{B}} H_B(x,\mathrm{d}z)k(y-z) =$$

$$\int_{\overline{B}} \mu_B(\mathrm{d}z)k(y-z) = K\mu_B(y)$$

令 $|x| \to \infty$,由此式及(5),得知(14) 左边趋于

$K\mu_B(y)+L_B(y)$. 因此,(14) 右边也有有限极限,记为 $R(B)$,即得(12). 并且

$$K\mu_B(y)+L_B(y)=R(B)\quad (y\notin \overline{B})$$

这得证(13) 对 $x\notin \overline{B}$ 成立. 下证它对 $x\in \overline{B}$ 也成立.

取 $y\in \overline{B}$. 由(14) 及(12) 得

$$\lim_{|x|\to\infty}\int_{\overline{B}} H_B(x,\mathrm{d}z)k(y-z)=L_B(y)-R(B)\tag{15}$$

另一方面,取 r 充分大,使开圆 $\mathring{B}_r\supset \overline{B}$. 当 $|x|>r$ 时,由强马氏性有

$$\int_{\overline{B}} H_B(x,\mathrm{d}z)k(y-z)=$$

$$\int_{S_r} H_{S_r}(x,\mathrm{d}\xi)\int_{\overline{B}} H_B(\xi,\mathrm{d}z)k(y-z)$$

若能证明 $\int_{\overline{B}} H_B(\xi,\mathrm{d}z)k(y-z)$ 对 $|\xi|>r$ 有界,则由定理 1(6) 及上式立即得

$$\lim_{|x|\to\infty}\int_{\overline{B}} H_B(x,\mathrm{d}z)k(y-z)=$$

$$\int_{S_r} U_r(\mathrm{d}\xi)\int_{\overline{B}} H_B(\xi,\mathrm{d}z)k(y-z)=$$

$$\int_{\overline{B}} \mu_B(\mathrm{d}z)k(y-z)=-K\mu_B(y)\tag{16}$$

(15)(16) 的右边应相等,故得证(13) 对 $x\in \overline{B}$ 也成立. 剩下要证当 $y\in \overline{B}$ 时, $\int_{\overline{B}} H_B(\xi,\mathrm{d}z)k(y-z)$ 对 $|\xi|>r$ 有界,为此,改写(14) 为

$$\int_{\overline{B}} H_{\overline{B}}(\xi,\mathrm{d}z)k(y-z)=$$

$$g_B(\xi,y)+k(y-\xi)-L_B(\xi)\tag{17}$$

因 $\lim\limits_{|\xi|\to\infty}\dfrac{k(y-\xi)}{k(\xi)}=1$,故由(12) 知,对 $y\in \overline{B}$,当 $|\xi|>$

r,r 充分大后,$k(y-\xi)-L_B(\xi)$ 有界. 又由 §2 定理 1(iii) 知,$g_B(\xi,y)$ 对 $y\in\overline{B}$,$|\xi|>r$ 有界. 故(17) 的右边对 $|\xi|>r$ 有界. 因此其左边也如此.

对非极集的相对紧集 B,称测度 μ_B 为 B 的平衡测度,其势 $K\mu_B$ 称为 B 的平衡势,称常数 $R(B)$ 为 B 的 Robin 常数.

若 B 为相对紧的极集,则定义 $R(B)=\infty$. 以后会看到,这样的定义是合理的.

当 B 为紧集时,由于 $\mu_B=\mu_{\partial B}$,$L_B(x)=L_{\partial B}(x)$ $(x\notin B)$(见 §1 式(38)),由(13) 立即得

$$R(B)=R(\partial B) \tag{18}$$

例 1　考虑圆 B_r 及圆周 S_r. 由(10) 及上面所述得两者的平衡测度都是 S_r 上的均匀分布 U_r,即

$$\mu_{B_r}=\mu_{S_r}=U_r \tag{19}$$

还可证明

$$L_{B_r}(x)=\begin{cases}0, 如\ |x|\leqslant r\\ \dfrac{1}{\pi}\log\left(\dfrac{|x|}{r}\right), 如\ |x|>r\end{cases} \tag{20}$$

实际上,如 $|x|\leqslant r$,由 §1 式(37) 得 $L_{B_r}(x)=0$. 今设 $|x|>r$,在对数势的基本公式(§1 式(13)) 中,取 $y=0$ 得

$$L_{B_r}(x)=k(-x)+g_{B_r}(x,0)-\int_{B_r}H_{B_r}(x,\mathrm{d}z)k(-z) \tag{21}$$

由 §2 定理 1(v),知 $g_{B_r}(x,0)=0$. 当 $|x|>r$ 时,有

$$\int_{B_r}H_{B_r}(x,\mathrm{d}z)k(-z)=$$

$$\int_{S_r}H_{S_r}(x,\mathrm{d}z)k(-z)=$$

$$\int_{S_r} H_{S_r}(x, \mathrm{d}z) \frac{1}{\pi} \log r = \frac{1}{\pi} \log r \qquad (22)$$

于是由(21)得

$$L_{B_r}(x) = \frac{1}{\pi} \log\left(\frac{|x|}{r}\right) = L_{S_r}(x) \quad (|x| > r) \qquad (23)$$

由(12)(20)及(18),得 Robin 常数为

$$R(B_r) = \frac{1}{\pi} \log\left(\frac{1}{r}\right) = R(S_r) \qquad (24)$$

由(13)(24)(20),得平衡势为

$$K\mu_{B_r}(x) = K\mu_{S_r}(x) = \left(\frac{1}{\pi}\right) \log\left(\frac{1}{|x| \vee r}\right) \qquad (25)$$

其中 $a \vee b = \max\{a, b\}$.

§4 平面上的容度

(一) 试研究 Robin 常数的一些性质.

引理 1 设 A, B 为相对紧集,则

$$R(A \cup B) + R(A \cap B) \geqslant R(A) + R(B) \qquad (1)$$

又若 $A \subset B$,则

$$R(A) \geqslant R(B) \qquad (2)$$

证 设 $A \subset B$. 若 B 为极集,则 A 必为极集,于是 $R(A) = R(B) = \infty$. 若 B 非极集,A 为极集,则(2)显然成立. 若两者皆非极集,由 $L_B^\lambda(x)$ 的定义(§1 式(12))以及 $h_A \geqslant h_B$,得

$$L_B^\lambda(x) \leqslant L_A^\lambda(x), L_B(x) \leqslant L_A(x) \qquad (3)$$

于是由 §3 式(12)得证(2).

今证(1),只需对 A, B 皆非极集证明. 由于 $h_{A \cup B} =$

$h_A \wedge h_B$,有[①]

$$P_x(h_{A\cup B} \leqslant h) \leqslant P_x((h_A \leqslant t) \cup (h_B \leqslant t)) \quad (4)$$

$$\begin{aligned} & P_x(h_A \leqslant t, h_B \leqslant t) = \\ & P_x(h_A \leqslant t) + P_x(h_B \leqslant t) - \\ & P_x((h_A \leqslant t) \cup (h_B \leqslant t)) \leqslant \\ & P_x(h_A \leqslant t) + P_x(h_B \leqslant t) - \\ & P_x(h_{A\cup B} \leqslant t) \end{aligned} \quad (5)$$

由 §1 式(12) 得

$$L^\lambda_{A\cap B}(x) \geqslant L^\lambda_A(x) + L^\lambda_B(x) - L^\lambda_{A\cup B}(x) \quad (6)$$

令 $\lambda \downarrow 0$,得

$$L_{A\cap B}(x) \geqslant L_A(x) + L_B(x) - L_{A\cup B}(x) \quad (7)$$

由 §3 式(12) 即得(1).

定理 1　(i) 设 B 为紧集,则

$$R(B) = \sup\{R(U) \mid U \text{ 开}, U \supset B, \overline{U} \text{ 紧}\} \quad (8)$$

(ii) 设 U 为相对紧开集,则

$$R(U) = \inf\{R(A) \mid A \text{ 紧}, A \subset U\} \quad (9)$$

证　(i) 设 B 紧. 取一列相对紧开集 $\{B_n\}$,有

$$B_1 \supset \overline{B}_2 \supset B_2 \supset \cdots, \bigcap_n B_n = \bigcap_n \overline{B}_n = B$$

由第 1 章 §6 引理 1,得

$$P_x(h_{B_n} \uparrow h_B) = 1 \quad (\text{一切 } x \in B^c \cup B^r) \quad (10)$$

先对 B 为极集的情况证明(8). 此时 $R(B)=\infty$,只要证(8) 的右边也等于 ∞. 任取 $f \geqslant 0$,有紧支集为 D,$D \cap \overline{B}_1 = \varnothing$;又 f 在 R^2 上的积分为 1. 令

$$Af(z) = \int k(y-z) f(y) \mathrm{d}y =$$

---

① $h_{A\cap B} = h_A \vee h_B$.

$$\int_D k(y-z)f(y)\mathrm{d}y$$

其中$\int=\int_{R^2}$. 如§3开头时所述,因$Af(z)$对$z\in D^c\supset\overline{B}_1$连续,故在$B_1$上有界. 从而

$$\left|\int_{\overline{B}_n} H_{B_n}(x,\mathrm{d}z)Af(z)\right|\leqslant \sup_{z\in\overline{B}_1}|Af(z)|=M<\infty \tag{11}$$

由§3式(13),并注意$\int f(x)\mathrm{d}x=1$,得

$$\int K\mu_{B_n}(x)f(x)\mathrm{d}x+\int L_{B_n}(x)f(x)\mathrm{d}x=R(B_n) \tag{12}$$

今欲令$n\to\infty$,若能证右边第一积分有界,第二积分上升到∞,则$R(B_n)\to\infty(n\to\infty)$且(8)得证. 为此,先有

$$\left|\int K\mu_{B_n}(x)f(x)\mathrm{d}x\right|\leqslant\left|\int Af(x)\mu_{B_n}(\mathrm{d}x)\right|=\left|\int_{\overline{B}_n}Af(x)\mu_{B_n}(\mathrm{d}x)\right|\leqslant M<\infty \tag{13}$$

其次,为证第二积分$\uparrow\infty$,只要证$L_{B_n}(x)\uparrow\infty$.

利用§1式(13)及(11),有

$$\left|-\int g_{B_n}(x,y)f(y)\mathrm{d}y+L_{B_n}(x)\right|=\left|Af(x)-\int_{\overline{B}_n}H_{B_n}(x,\mathrm{d}z)Af(z)\right|\leqslant|Af(x)|+M<\infty \tag{14}$$

但当$x\in B^c$时,由(10)得

$$\int g_{B_n}(x,y)f(y)\mathrm{d}y=E_x\int_0^{h_{B_n}}f(x_t)\mathrm{d}t\uparrow E_x\int_0^{h_B}f(x_t)\mathrm{d}t \tag{15}$$

因 B 为极集，故 $P_x(h_B=\infty)\equiv 1$. 利用二维 Brown 运动的常返性，得

$$E_x\int_0^{h_B} f(x_t)\,\mathrm{d}t = E_x\int_0^{\infty} f(x_t)\,\mathrm{d}t=\infty \tag{16}$$

在(14) 中令 $n\to\infty$，由(15)(16) 可见 $L_{B_n}(x)\uparrow\infty$.

再对非极集 B 证明 (8). 此时(12) 仍成立. 又

$$\int K\mu_B(x)f(x)\,\mathrm{d}x+\int L_B(x)f(x)\,\mathrm{d}x=R(B)$$

故为证 $R(B_n)\to R(B)$，只要证(12) 左边两积分分别趋于上式左边两积分. 此时由于 $R(B_n)\leqslant R(B_{n+1})$，故必有 $R(B_n)\uparrow R(B)$.

对 $x\in B^c\cup B^r$，仿照(15)(16)，有

$$\int g_{B_n}(x,y)f(y)\,\mathrm{d}y\uparrow\int g_B(x,y)f(y)\,\mathrm{d}y \tag{17}$$

因 $P_x(x(h_{B_n})\in\overline{B}_1)=1$，$Af(z)$ 在 $\overline{B}_1$ 中连续，故由(11) 右边及控制收敛定理，得

$$\begin{aligned}&\lim_{n\to\infty}\int_{\overline{B}_n} H_{B_n}(x,\mathrm{d}z)Af(z)=\\&\lim_{n\to\infty} E_xAf(x(h_{B_n}))=\\&E_xAf(x(h_B))=\int_{\overline{B}}H(x,\mathrm{d}z)Af(z)\end{aligned} \tag{18}$$

由 §1 式(13) 及(17)(18) 得

$$\begin{aligned}\lim_{n\to\infty} L_{B_n}(x)=&\lim_{n\to\infty}\Big[Af(x)-\int_{\overline{B}_n} H_{B_n}(x,\mathrm{d}z)Af(z)+\\&\int g_{B_n}(x,y)f(y)\,\mathrm{d}y\Big]=\\&Af(x)-\int_{\overline{B}}H_B(x,\mathrm{d}z)Af(z)+\\&\int g_B(x,y)f(y)\,\mathrm{d}y=L_B(x)\end{aligned} \tag{19}$$

而且由 $L_A\geqslant L_B$(如 $A\subset B$) 知，$L_{B_n}(x)\uparrow L_B(x)$. 又因

$B \cap (B^r)^c$ 的 Lebesgue 测度为 0,则得

$$\int L_{B_n}(x)f(x)\mathrm{d}x = \int_{B^c \cup B^r} L_{B_n}(x)f(x)\mathrm{d}x \uparrow \int_{B^c \cup B^r} L_B(x)f(x)\mathrm{d}x = \int L_B(x)f(x)\mathrm{d}x \tag{20}$$

剩下要考虑(12)中第一积分.取圆 $D_r \supset \overline{B}$.由 §3 式(3)及控制收敛定理,得

$$\lim_{n\to\infty}\int K\mu_{B_n}(x)f(x)\mathrm{d}x =$$
$$\lim_{n\to\infty}\int_{\overline{B}_n}\mu_{B_n}(\mathrm{d}x)Af(x) =$$
$$\lim_{n\to\infty}\int_{\overline{B}_n}\left[\int_{S_r} H_{B_n}(\xi,\mathrm{d}x)U_r(\mathrm{d}\xi)\right]Af(x) =$$
$$\lim_{n\to\infty}\int_{S_r}\left[\int_{\overline{B}_n} Af(x)H_{B_n}(\xi,\mathrm{d}x)\right]U_r(\mathrm{d}\xi) =$$
$$\lim_{n\to\infty}\int_{S_r} E_\xi Af(x(h_{B_n}))U_r(\mathrm{d}\xi) =$$
$$\int_{S_r} E_\xi Af(x(h_{B_n}))U_r(\mathrm{d}\xi) =$$
$$\int K\mu_B(x)f(x)\mathrm{d}x$$

(ii) 只需考虑 U 为非极集情形.仿照 §6,可找到紧集 $A_n \subset U, A_1 \subset A_2 \subset \cdots, \bigcup_n A_n = U$,而且 $P_x(h_{A_n} \downarrow h_U) = 1$.取紧集 D,使 $D \cap \overline{U}^c = \varnothing$.又取连续函数 $f \geqslant 0$,有紧支集 D,又 $\int f(x)\mathrm{d}x = 1$.然后仿照上述(i)中对非极集情况之证,以 A_n 代 B_n,以 U 代 B,以"↓"代"↑",即可得证(9).

细看定理 1 的证明(或稍加修改),我们实际上已

证明了:

注 1　(i) 若 B_n 紧,$B_n \downarrow B$,则对 $x \in B^r \cup B^c$,有 $L_{B_n}(x) \uparrow L_B(x)$,$R(B_n) \uparrow R(B)$;

(ii) 若 B_n 紧,$B_n \uparrow B$,B 为相对紧,则对一切 x,有 $L_{B_n}(x) \downarrow L_B(x)$,$R(B_n) \downarrow R(B)$.

(二) 以 C 表示 R^2 中全体紧集之集.定义

$$R^*(c) = -R(c) \quad (c \in C) \tag{21}$$

由(1)(2)及定理 1,知 $R^*(\cdot)$ 是 C 上的 Choquet 容度(参看第 1 章 §9).由容度的扩张定理,可把 R^* 的定义域扩大到 $\mathscr{B}^2$ 上(甚至全体解析集上),使对任意 $B \in \mathscr{B}^2$,有

$$R^*(B) = \sup\{R^*(c) \mid c \subset B, c \text{ 紧}\} = \inf\{R^*(0) \mid 0 \supset B, 0 \text{ 开}\} \tag{22}$$

并且对任意 Borel 集 A,B,有

$$R^*(A \cup B) + R^*(A \cap B) \leqslant R^*(A) + R^*(B) \tag{23}$$

又若 $A \subset B$,则

$$R^*(A) \leqslant R^*(B) \tag{24}$$

它们是(1)(2)的延拓.

在 §3 中我们已对相对紧集 A 定义了 Robin 常数 $R(A)$.今证明 $-R(A)$ 与扩张而得的 $R^*(A)$ 相等.实际上,对任意紧集 $c \subset A$,任意相对紧开集 $0 \supset A$,有

$$-R(c) \leqslant -R(A) \leqslant -R(0)$$

故

$$R^*(A) \leqslant -R(A) \leqslant R^*(A)$$

即 $R^*(A) = -R(A)$ 对相对紧集 A 成立.

利用 R^* 的扩张自然得到 Robin 常数的扩张,对任意 $B \in \mathscr{B}^2$,定义

$$R(B) = -R^*(B) \tag{25}$$

于是关于 $R^*(B)(B \in \mathscr{B}^2)$ 的结果，可以通过 $R(B)$ $(B \in \mathscr{B}^2)$ 来表达. 特别地，如(22) 可改写为：

对任意 $B \in \mathscr{B}^2$，有

$$\inf\{R(c) \mid c \subset B, c \text{ 紧}\} = R(B) = \sup\{R(0) \mid 0 \supset B, 0 \text{ 开}\} \tag{26}$$

今对任意 $B \in \mathscr{B}^2$，定义 B 的容度 $C(B)$ 为

$$C(B) = \exp\{-R(B)\} \tag{27}$$

例如，由 §3 式(24)，知圆 B_r 及圆周 S_r 的容度为

$$C(B_r) = C(S_r) = r^{\frac{1}{\pi}} \quad (r > 0) \tag{28}$$

容度有下列性质：

(a) 若 $A \subset B$，则 $C(A) \leqslant C(B)$；

(b) 若 A 紧，则 $C(A) = C(\partial A)$；

(c) 若 B_n 紧，$B_n \downarrow B$，则 $C(B_n) \downarrow C(B)$；

(d) 若 B_n 紧，$B_n \uparrow B$，B 相对紧，则 $C(B_n) \uparrow C(B)$.

实际上，由(24) 得(a). 由 §1 式(12)，对 $x \notin A$，有 $L_A^\lambda(x) = L_{\partial A}^\lambda(x)$，故 $L_A(x) = L_{\partial A}(x)$. 于是由 §3 式(12) 得(b). 而(c)(d) 则由注 1 推出.

显然，$C(B) = 0$ 等价于 $R(B) = \infty$.

(三) **定理 2** 设 $B \in \mathscr{B}^2$，则 B 为极集的充要条件是 $C(B) = 0$. 换言之，$P_x(h_B < \infty) \equiv 1$ 或 $\equiv 0$，视 $C(B) > 0$ 或 $= 0$ 而定.

证 如 B 为相对紧集，由 $R(B)$ 的定义及 §3 定理 2，知 $R(B) = \infty$ 与 B 为极集等价. 以下设 B 为非相对紧集，设 $R(B) = \infty$. 由(26) 知，$R(c) = \infty$ 对紧集 $c \subset B$ 成立；再由(26) 知，$R(D) = \infty$ 对相对紧集 $D \subset B$ 也成立，于是由上所证知 D 为极集. 由于 B 可表示为可列多个相对紧集之和，故 B 为极集. 反之，设 B 为极集，则

B 的每个紧子集 c 为极集，由上所证 $R(c)=\infty$. 再由(26) 得 $R(B)=\infty$.

与第 1 章 §11 定理 5 相应，有如下定理：

定理 3　设 B 为相对紧集，则 B 为极集的充要条件是

$$\sup_x K\mu(x)=\infty \tag{29}$$

其中 μ 为任意非 0 有限测度，支集含于 B.

证　任取相对紧开集 $A\supset\overline{B}$. 对 $N>0$，定义

$$k_N(x)=\begin{cases}k(x),\text{如 } k(x)\geqslant -N\\ -N,\text{如 } k(x)<-N\end{cases}$$

则有

$$-\int\mu(\mathrm{d}x)\int k_N(y-x)\mu_A(\mathrm{d}y)=$$

$$-\int\mu_A(\mathrm{d}y)\int k_N(y-x)\mu(\mathrm{d}x)$$

令 $N\uparrow\infty$，由单调收敛定理，得

$$\int_{\overline{B}}\mu(\mathrm{d}x)K\mu_A(x)=\int_{\overline{A}}\mu_A(\mathrm{d}x)K\mu(x) \tag{30}$$

由 §1 式(12)，若 $x\in\mathring{B}$，则 $L_B^\lambda=L_B(x)=0$. 因 $\overline{B}\subset A$，故由 §3 式(13) 知，式(30) 左边等于

$$\int_{\overline{B}}R(A)\mu(\mathrm{d}x)-\int_{\overline{B}}L_A(x)\mu(\mathrm{d}x)=R(A)\mu(\overline{B})$$

据此式及(30)，得

$$R(A)\mu(\overline{B})\leqslant\sup_x K\mu(x)\cdot\mu_A(\overline{A})=\sup_x K\mu(x)$$

由(26) 得

$$R(B)\mu(\overline{B})\leqslant\sup_x K\mu(x)$$

今如 B 为极集，由 $R(B)=\infty$，故 $\sup\limits_x K\mu(x)=\infty$.

反之，设 $\sup\limits_x K\mu(x)=\infty$ 对满足定理条件的一切 μ

成立,则 B 必为极集. 否则,如说 B 非极集,即 $R(B)<\infty$,取 B 的平衡测度 μ_B,则它满足定理条件. 但由 §3 式(13) 得

$$K\mu_B(x)\leqslant R(B)<\infty \quad (一切\ x)$$

此与假设矛盾.

§5 结 束 语

(一)M. Brelot 认为,势论中有三大问题:Dirichlet 问题、投影问题与平衡问题. 在 Newton 势与对数势的情况下,我们对这些问题作了简要论述,阐明了它们与 Brown 运动的关系以及其概率解法. 但势论中还有许多问题,如可加泛函、能、Martin 边界等,则未涉及.

(二)Newton 势的一般化是 Green 势. 设 D 为 $R^n(n\geqslant 3)$ 中的开集,其 Green 函数为 $G_D^*(x,y)$ $(x,y\in D)$. 若 $D=R^n$,则 $G_D^*(x,y)$ 等于 Newton 势核 $g(y-x)$. 在一般情况下,可以依照 Newton 势而在 D 上建立 Green 势

$$G_D\mu(x)=\int G_D^*(x,y)\mu(\mathrm{d}y) \quad ({}_{\text{L}}\mu\subset D)$$

它所对应的过程是首出 D 以前的 Brown 运动$\{x_t(\omega),t<e_D\}$,e_D 为 D 的首出时. 于是也可以研究 Green 势的平衡问题等.

(三)受 Brown 运动的启发,Hunt 等发展了一般马氏过程(主要是所谓 Hunt 过程)与势论的联系. 为此,必须给出"势论"的一般定义,讨论那些可以用马氏过程的术语来表达的势论对象和运算. 例如,联系于

每一马氏过程有它的“调和函数”“过分函数”，当此过程为 Brown 运动时，它们就分别化为本书中的调和函数与非负上调和函数.

本书的主要参考文献为[15,16]；关于上述发展可见文献[11,1,8,17,18]以及新近的有关文献.

参考文献

[1] BLUMENTHAL R M, GETOOR R K. Markov processes and potential theory[M]. New York: Dover Pubns,1968.

[2] BURKHOLDER D L. Brownian motion and classical analysis[J]. Proceedings of Symp. in Pure Mathematics, Probability, 1977,31:5-14.

[2_1] BURKHOLDER D L. Exit times of Brownian motion, harmonic majorization and Hardy Spaces[J]. Adv. in Math. , 1977,26:182-205.

[3] CHUNG K L. Probabilistic approach in potential theory to the equilibriun problem[J]. An. Inst. Fourier, Grenoble, 1973,3(23):313-322.

[4] CIESIELSKI Z, TAYLOR S J. First passage times and sojourn times for Brownian motion in space and the exact Hausdorff measure of the Sample path[J]. Trans, Amer. Math. Soc. , 1962,103:434-450.

[5] ГИХМАН И И, СКОРОХОД А В. Теория слуцайных процессов[M]. 1973.

[6] COURANT R, HIBERT D. Methods of mathematical physics, Vol. 2[M]. New Jersey: Wiley-blackwell,1962(有中译本).

[7] DOOB J L. Semimartingales and subharmonic functions[J]. Trans. Amer. math. Soc. 1954, 77:86-121.

[8] DYNKIN E B. Markov processes[M]. Berlin

Heidelberg New York: Springer, 1965.

[9] FRIEDMAN A. Stochastic differential equations and applications[M]. New York: Dover Pubns, 1975.

[10] GETOOR R K. The Brownian escape process [J]. Ann. of Probability, 1979, 7(5): 864-867.

[10_1] GETOOR R K. SHARPE M J. Excursions of Brownian motions and Bessel processes[J]. Z. Wahrscheinlichkeitstheorie, 1979, 47 (1): 83-106.

[11] HUNT G A. Markoff processes and potentials I, II, III[M]. Illinois J. Math., 1957, 1: 44-93; 316-369.

[12] ITO K, MCKEAN H P. Diffusion processes and their sample path[M]. Berlin: Springer-Verlag, 1965.

[13] KAKUTANI S. Two-dimensional Brownian motion and harmonic functions[J]. Proc. Imp. Acad. Tokyo, 1944, 20: 706-714.

[14] KAAR A F, PITTENGER A O. An inverse Balayage problem for Brownian motion [J]. Ann. of Probahility, 1979, 7(1): 186-191.

[15] PORT S, STONE C. Classical potential theory and Brownian motion[J]. Proc. Sixth. Berkebey Symp. Math Stat. and Probability, 1972: 143-176.

[16] PROT S, STONE C. Logarithmic potential and planar Brownian motion [J]. Proc. Sixth

Berkeley Symp. Math. Stat. and Probability, 1972:177-192.

[17] PORT S C, STONE C J. Brownian motion and classical potential theory[M]. New York: Academic Press, 1978.

[18] RAO M. Brownian motion and classical potential theory[M]. New York: Academic Press, 1977.

[19] SPITZER F L. Electrostatic capacity, heat flow, and Brownian motion[J]. Z. Wahrscheinlichkeitstheorie, 1964, 3:110-121.

[20] ТИХОНОВ А Н, САМАРСКИЙ А А. Уравнения Математической физики[M]. 1953.

[21] 王梓坤,Brown 运动的末遇分布与极大游程[J]. 中国科学,1980(10):933-940.

[22] 王梓坤,随机过程论[M]. 北京:科学出版社, 1965.

[23] 王梓坤,对称稳定过程与 Brown 运动的随机波[J]. 中国科学,1982(12):801-806.

[24] ДЫНКИН Е Б. Основания теории Марковских процессов[M]. 1962(有中译本:马尔科夫过程论基础).

[25] LA VALLÉE POUSSIN, CH J DE. Léxtension de la médode du balayage de Poincaré et problème de Dirichlet [J]. Ann. Inst. H. Poincaré, 1932, 2:169-232.